新・環境経済学入門講義

浜本光紹──◎ 著

創 成 社

はしがき

　経済開発と環境破壊との関係について初めて国際的に議論された国連人間環境会議の開催から半世紀が経過した現在，地球環境をめぐっては，人間活動の基盤を脅かしかねない変化がみられるようになっています。例えば，近年世界各地で極端な気象現象が多発しており，その背景にあると考えられる地球温暖化にどう対応するかが問われています。また，温暖化の進行に伴って発生する急激な環境変化によって生態系の機能が大きく損なわれてしまうことが懸念されます。加えて，使用済みとなったプラスチックが適切に処理されずに環境中に放出され，海洋汚染を引き起こしています。地球温暖化や海洋プラスチック汚染は，人間が石油などの化石資源をエネルギー源や原料として大量に使用するようになったことで生じた問題であるといえます。さらに，経済成長が著しい新興国などでは，大気汚染や水質汚濁といった，かつて先進国が経験した環境汚染が深刻な状況にあります。こうした環境問題に，私たちはどう対処すればよいのでしょうか。

　今日の社会では，環境保全を目的とした法律やルールが存在するので，消費者や企業はそれを遵守することが求められています。また，企業活動に関しては，環境保全に向けた自主的な取り組みを行うことが企業の社会的責任の1つとして捉えられるようになっています。さらに，環境に配慮した製品を選択するなどといった自発的行動を通じて環境保全に貢献しようとする動きが消費者の間で広がりつつあります。しかし，現行の法制度や，各経済主体による環境保全のためのボランタリーな行動だけでは，進みゆく地球環境の劣化に対応するには十分とはいえません。現代社会が直面するさまざまな環境問題に適切に対処するためには，現状の社会・経済システムの変革が不可欠でしょう。環境経済学は，人間活動と環境保全の両立に向けた社会・経済システムの変革に資する知見を導き出すための学問です。

　著者が大学での講義を基に執筆した『環境経済学入門講義』は，2014年の初版刊行以降，環境問題をめぐる動向や環境経済・政策研究の進展を踏まえて，改訂版と増補版において加筆やコラムの追加などを行ってきました。新版として刊行する本書では，地球環境と人間社会の持続可能性への懸念が一層高まっている昨今の状況を受け，気候変動問題に加えて，喫緊の課題として認識されつつある生物多様性の喪失やプラスチック汚染といった地球環境問題に関する記述を盛り込みました。本書を通して，環境経済学の基礎を学習しながら，地球温暖化抑制や生態系保全，プラスチック汚染防止をどうすれば実現できるかを考えるようになってもらえましたら幸いです。

　本書は9つの章で構成されています。第1章では環境経済学がどのような学問であるのかを説明し，第2章においては本書で用いる分析道具であるミクロ経済学の基礎について解説します。第3章では，環境にかかわる意思決定に費用便益分析を適用する際の課題に焦点を当て，続く第4章で，開発行為がもたらす環境損害や環境保護によって得られる社会的便益を評価するための手法について議論します。第5章では環境管理のための各種のアプローチについて解説し，その1つである中央集権的アプローチによって環境問題に対処する際の具体的な方策を考察するために，第6章において環境政策手段の機能や廃棄物政策のあり方について説明します。

　第1章から第6章を通じて環境経済学の基礎理論を学んだ後，第7章では，実際の環境政策において政策手段がどのように活用されているかということについて解説します。第8章では，地球温暖化対策を取り上げ，これにかかわる国際交渉の経緯や国際的枠組みに関する議論を検討しながら，国際協調体制をどのように築いていくかを考察します。第9章では，地球環境と人間社会の持続可能性をめぐる重要課題として，気候変動の緩和，生物多様性の保全，資源循環の促進を取り上げ，それぞれの課題にどう対応すべきかを議論します。この章の内容を通して，地球環境問題に関連する最近のキーワードである「カーボンニュートラル」「ネイチャーポジティブ」「サーキュ

ラーエコノミー」を実現するにはどのような取り組みが必要かを考える際の手がかりを提供できるのではないかと思います。

　環境経済学の理論や環境政策の事例について深く掘り下げて考察したい，という学生のために，各章での解説の後に演習課題を用意しています。関心のあるテーマについて自ら調べてまとめ，その内容を基にして議論するという能動的な学習を進める際に活用してみてください。

　また，各章の末尾にはコラムを設け，それぞれの章で解説した内容に関連するトピックや研究成果などを紹介しています。これは改訂版から盛り込むようになったものですが，新版でも内容を一部改変しながら掲載しています。各章で解説されている環境経済学の基礎とあわせて9つのコラムを読むことで，環境経済・政策研究の領域に対してさらなる興味・関心を抱くようになってもらえましたら幸甚です。

　本書の出版に際しては，初版からご支援いただいている創成社出版部の西田徹氏に引き続きお世話になりました。本書がこれまで改訂を重ねつつ発行を続けられたのは，同氏のお力添えがあってこそのことです。この場をお借りして心より御礼申し上げます。

2023年11月

浜本光紹

目　次

はしがき

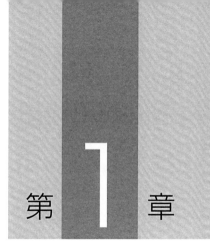

第 1 章

環境経済学とは
どのような学問か

　左の写真は埼玉県草加市を流れる伝右川のかつての様子（草加市提供）。周辺の宅地化や水害対策などにより，今は右の写真（著者撮影）のような姿になっている。

1 環境経済学とは

　現代社会は，実に多くの環境問題に直面しています。例えば日本における産業公害の代表例ともいえる大気汚染や水質汚濁は，1960年代頃より先進国において悪化し，改善のための対策が進められてきました。今ではこれらの環境問題は発展途上国において深刻さを増しています。また，地球温暖化やオゾン層の破壊，生物多様性の減少などは地球環境問題の例ですが，これらは国際的な協調の下で対応を行うことが不可欠です。こうしたさまざまな環境問題の原因を明らかにし，どのように対応すべきかを究明するべく，自然科学や人文・社会科学のさまざまな領域において研究が精力的に行われています。環境経済学もそうした研究を行う学問分野の1つです。

　環境経済学とは，一言でいえば，環境資源をどのように利用し管理するかという問題について，経済学の考え方を適用しながら考察していく学問です。この学問は，経済学の中では比較的新しい分野といえるでしょう。経済学は，希少な資源をどのように配分すれば社会全体の利益につながるのかを研究します。したがって環境経済学は，この表現に基づくならば，希少な資源である環境をどのように配分すれば社会全体の利益につながるのかを考察する学問である，ともいえるでしょう。

　ここで重要なのは，なぜ環境を希少な資源として考えるのか，ということです。この点は，実は環境経済学が必要とされるようになった背景と深くかかわっています。このことを説明するために，まずは環境がどのような機能を持っているのかを考えてみましょう。

● 環境の機能

　環境は，空気や水を供給するなど，人間が生存していくために必要な生命維持システムとしての機能を持っています。また，食糧や燃料，鉱物など，

人間がさまざまな活動を行っていくうえで不可欠な資源を供給するという機能も持っています。農業や林業，水産業は，動物や植物が持つ再生産能力を利用して，人間にとって必要な食糧や木材などを供給しています。鉱業やエネルギー関連産業は，石油や石炭，鉄鉱石，レアメタルなど，地下に埋蔵されている有限の資源，すなわち枯渇性資源を採取して経済社会に供給しています。この枯渇性資源をめぐっては，「いつ枯渇するか」という問題にしばしば関心が寄せられます。

　また環境は，人間の生活空間（アメニティ）を供給するという機能を有しています。このアメニティは，人間が過去に行ってきた活動が蓄積されることで創り出されるものです。例えば，農村の美しい風景や歴史的建築物が立ち並ぶ街の景観などは，これまでの人間の営みを通じて育まれてきたアメニティです。一方で，経済開発を目的として行われてきた活動を通じて都市や工業地帯などが形成され，過密化や公害など，必ずしも快適とはいえない生活環境も生み出されてきました。人間を取り巻く現在の生活空間は，それが快適であろうとなかろうと，これまで人間が行ってきたさまざまな活動の結果が蓄積されたもの，すなわち歴史的ストックであるということができるでしょう。

　さらに環境は，人間の生産活動や消費活動に伴って生じる大気汚染物質や水質汚濁物質，ごみなどの廃物の捨て場としての機能を持っています。廃物の捨て場として環境を利用することが可能なのは，環境が人間の生産・消費活動の過程で生じる廃物を分解・浄化する能力を有しているからです。例えば，家庭で料理をすると出てくる生ごみは，土壌に埋めると微生物によって分解されます。工場の煙突から出される排煙は，ある程度の量までであれば大気中で拡散しますし，汚水も一定程度の量であれば河川に放出されても希釈・分解されます。ただし，重金属や放射性物質などのように分解が困難なものや無害化されるまでに長い期間を要するものもあり，これらは人間の健康や生態系にとって有害な物質として環境中に蓄積されてしまうことになり

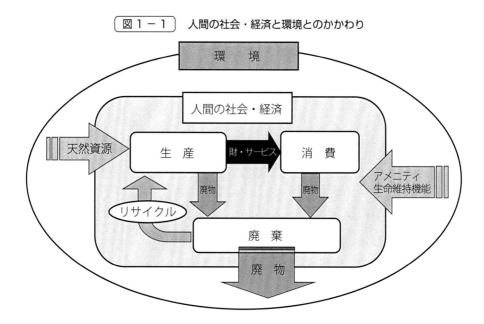

図1-1　人間の社会・経済と環境とのかかわり

ます。

　図1-1は，人間の社会・経済が環境とどのようなかかわりあいを持っているかを示しています。上で述べたように，人間は環境からさまざまな資源を獲得して生産・消費活動に投入し，また環境から生命維持機能やアメニティの提供を受けています。生産や消費の段階で発生する廃物については，一部はリサイクルされて再び資源として利用されるものもありますが，多くは大気汚染物質や水質汚濁物質，ごみなどのかたちで環境中に放出されることになります。このようにして私たちは，廃物の捨て場としての環境の機能を利用しているのです。

● 希少資源としての環境

　環境は，人間が捨てる廃物を分解・浄化する能力を持っています。また，動物や植物には自ら再生産する能力が備わっています。しかし，こうした能力にも限界はあります。人間の活動の規模がさほど大きくなかった時代に

は，環境中に捨てられる廃物の量・質ともに環境が分解・浄化できる許容量（環境容量）を超えない範囲にとどまっていました。また，そうした時代には再生可能資源の採取量も動植物の再生産力を超えることはなかったでしょう。つまり，人間の活動は，その規模が環境容量や再生産力を超えない限り，環境汚染や森林減少，生物多様性の喪失などをもたらすことはないのです。このような状況にある場合，環境資源は自由財，すなわち対価を支払うことなく好きなだけ利用できる財である，ということになります。環境資源が自由財であれば，希少資源の効率的配分を検討する経済学がこれを分析対象として取り扱うことはありません。

　しかし，経済の成長・発展とともに人間の活動の規模が拡大すると，廃物の量は急激に増加していきました。また，人工的に創られたプラスチックや化学物質など，環境にとって分解したり無害化したりするのが困難な廃物も増えるようになりました。このように廃物の量的拡大や質的変化（環境にとっては質的悪化といえるでしょう）が進むとともに，再生可能資源の大量採取も行われるようになりました。こうして，人間の活動の規模が環境容量や再生産力を超えるようになったのです。しかし，このような状況の変化が起こったにもかかわらず，環境資源は自由財として扱われ続けました。その理由は，大気や河川，森林など環境資源の多くには所有権が設定されておらず，これらを利用しようとする主体に対価を支払わせる仕組みがそもそも備わっていないということにあります。つまり，環境には市場が存在せず，したがって価格がついていないのです。そのため，環境容量を超える廃物の排出が続けられ，再生産力の限界を超えて再生可能資源が採取され続けました。その結果，大気汚染や水質汚濁，アメニティの劣化，森林や生物種の急激な減少といった環境問題が発生するに至ったのです。このような状況においては，環境資源はもはや自由財ではなく希少資源であり，経済学が分析すべき対象となります。こうして，環境資源の利用と管理にかかわる経済分析を行う学問分野として環境経済学が必要とされるようになったのです。

　環境が希少資源となった状況下でとることができる行動については，大雑把にいうと2つの選択肢があるでしょう。1つは，悪化する環境を甘んじて受け入れる，というものです。これを選ぶと，財の消費という物質的な面から得られる利益は維持されるかもしれませんが，環境の損害や健康被害などの費用が発生することになるでしょう。もう1つは，悪化しつつある環境を改善・維持するために，財を生産する目的で使用されていた資源を環境保全目的に振り向けるというものです。この場合，生産をあきらめなければならない財が出てきますので，もしその財を生産・消費していたならば得られたはずの利益は失われます。つまり，逸失利益が発生することになるのです。経済学ではこれを機会費用と呼んでいます。このように，環境保全を実現しようとすれば機会費用が発生します。

　実際には，このような二者択一を迫られる場面はそう多くはないかもしれません。むしろ，どの程度環境を保全するか（逆にいえば，どの程度の環境悪化を受け入れるか）を選択する局面が一般的でしょう。このとき，環境を保全することで得られる利益と，財の生産・消費という物質的な面から得られる利益とを比較することになります。また，上の議論からもわかるように，これら2つの利益は，どちらかを大きくするような選択をすれば他方は小さくなるというトレードオフの関係にあります。環境経済学は，こうしたトレードオフに直面する社会にとってどのような意思決定をするのが最も望ましいのかを明らかにするための学問なのです。

● 環境経済学の課題

　先にも述べたように，多くの場合，環境には市場が存在しません。そのため，環境は人間の活動にとって希少な資源となっているにもかかわらず，価格がまったく設定されていない，あるいは不十分にしか設定されていない状態にあります。これは，現行の経済システムには環境を適正に利用し管理する仕組みが欠落していることを意味しています。

　また，環境資源は公共財としての特徴を持っています。例えば大気や河川，湖沼，海浜などは，対価を支払わずに利用しようとする主体を排除することが困難です。この性質を非排除性と呼びます。またこれらは，ある主体が利用しながら他の多くの主体も同時に利用することができるという面も持っています。この性質は非競合性と呼ばれます。こうした性質を持ち，所有権が設定されていない環境資源を取引する市場が，民間の経済主体の自発的な活動を通じて作り出されることを期待するのは難しいでしょう。経済学では，このことを市場の失敗と呼んでいます。このような場合，環境の適正な利用・管理を促すようなインセンティブ（誘因）を経済主体に与える仕組みを現行の経済システムに導入することが，政府の果たすべき役割となってきます。つまり，環境政策を策定し実施することが政府に求められるのです。

　ここで，環境の適正な利用・管理がなされるようにするためには，環境政策はどのように設計されるべきか，という課題が浮上してきます。この課題を検討する際，どのような環境の利用や管理のあり方が「適正」なのか，ということが重要となります。経済学の考え方に基づくならば，環境資源の利用や管理が社会全体でみて「効率的」になされることが，「適正」という言葉に含意されることになるでしょう。つまり，環境政策がどのように設計されるべきかという課題は，効率性の観点から検討されるということです。ただし，環境資源を管理する際には，費用負担（環境改善に要する費用や残余汚染がもたらす損害費用）を避けることができません。ある環境政策が効率性の点でいかに優れていたとしても，特定の主体に費用負担が大きく圧し掛かってくるようであれば，衡平性の観点からは問題があるといえます。衡平性の点でそのような問題をはらんだ環境政策は，そもそも実行することが政治的に困難であるかもしれません。このように，環境政策を設計する際には，効率性だけではなく衡平性も判断基準として採用される必要があるのです。

2 環境はどのように変化してきたか

　環境汚染や自然破壊は，経済成長に伴って悪化する傾向があります。これは，生産が拡大すると投入される資源やエネルギーの量も増えていくので，それらを利用することで排出される大気汚染物質や水質汚濁物質，ごみなどの廃物の量も増加することになるからです。日本は1950年代後半から1960年代にかけて経済が飛躍的に成長しましたが，その反面，深刻な公害を経験することにもなりました。高度経済成長によって日本の国民は物質的な豊かさを得ることになりましたが，その一方で，豊かになったがゆえに，環境が悪化していく事態を無視することもできなくなっていったのです。当時は公害反対を唱える住民運動が盛んに行われ，公害問題への対応を求める世論も高まっていきました。こうした状況の中，公害対策のための法制度が政府によって整備され，汚染削減に向けた活動が進められるようになっていったのです。

　ここで，日本の環境がどのように変化してきたかを，いくつかの指標を用いてみてみることにしましょう。図1－2と図1－3は，それぞれ二酸化硫黄濃度と二酸化窒素濃度に関する年平均値の推移を示しています。図1－2をみると，二酸化硫黄の大気中濃度は1970年代に大きく低下したことがうかがわれます。また，図1－3の二酸化窒素濃度については，工場などからの排煙に加えて自動車排ガスの影響も大きく，モータリゼーションの進展もあって，自動車が走行する道路付近での濃度（図1－3の自排局〔自動車排出ガス測定局〕のデータ）が高くなっています。ただし，最近のデータからは，自排局のデータも含めて二酸化窒素濃度が改善傾向にあることがみてとれます。

　図1－4は，代表的な水質指標である生物化学的酸素要求量（BOD）あるいは化学的酸素要求量（COD）の環境基準の達成率を示しています。この図

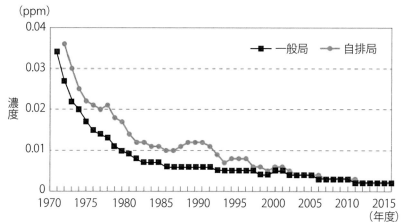

図 1 − 2　二酸化硫黄濃度の年平均値の推移

出典：環境省『平成 30 年版環境白書・循環型社会白書・生物多様性白書』。

図 1 − 3　二酸化窒素濃度の年平均値の推移

出典：図 1 − 2 に同じ

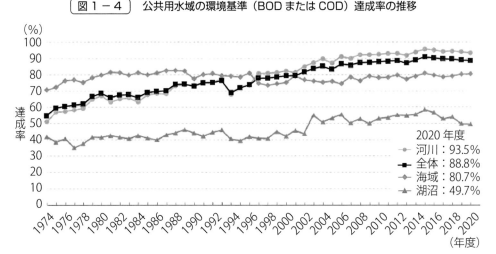

図1-4　公共用水域の環境基準（BODまたはCOD）達成率の推移

2020年度
河川：93.5%
全体：88.8%
海域：80.7%
湖沼：49.7%

出典：環境省『令和4年版環境白書・循環型社会白書・生物多様性白書』。

をみると，全般的に達成率が向上してきていることがわかります。水域別でみると，河川や海域と比較して湖沼の達成率が低くなっています。図1-4が示すように，河川の水質は全国的にみて改善傾向にあり，例えばかつては水質汚濁が深刻であった多摩川も，鮎が再び遡上するようになるまで水質改善が進んでいます。

　図1-5には，ごみの総排出量と1日に1人が出すごみの量がどのように変化してきたかが示されています。1980年代後半は，いわゆるバブル経済が発生したこともあって，ごみの排出量が急増しました。1990年代に入ってもごみは増加する傾向にありましたが，2000年代から2010年代には，ごみ総排出量・1人1日当たりごみ排出量ともに一転して減少していきました。図1-5をみると，特に2000年代は減少のペースが著しかったことがわかります。

　以上でみた指標の推移からは，高度経済成長期に悪化していった環境の状況は，近年には改善していることがうかがわれます。これは，経済成長と環

図 1 − 5　ごみ総排出量と 1 人 1 日当たりごみ排出量の推移

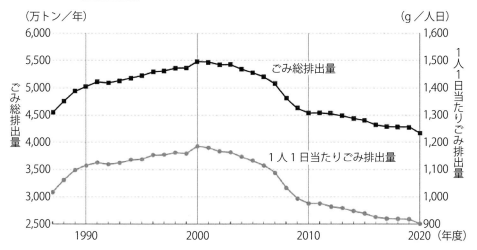

注 1：2005 年度実績の取りまとめより「ごみ総排出量」は，廃棄物処理法に基づく「廃棄物の減量その他その適正な処理に関する施策の総合的かつ計画的な推進を図るための基本的な方針」における，「一般廃棄物の排出量（計画収集量＋直接搬入量＋資源ごみの集団回収量）」と同様とした。

　2：1 人 1 日当たりごみ排出量は総排出量を総人口× 365 日又は 366 日でそれぞれ除した値である。

　3：2012 年度以降の総人口には，外国人人口を含んでいる。

出典：図 1 − 4 に同じ。

境汚染との間に一定の関係があることを示唆しているのかもしれません。すなわち，環境汚染は経済成長の初期段階においては悪化していくのですが，ある一定の所得水準に至ると改善の方向に転じるという関係です。経済成長と環境汚染の間にあるこのような関係は，環境クズネッツ曲線として知られています。

　ただし，経済成長と環境汚染の間に上記のような関係があるとしても，経済が成長していけば何も対策をしなくても環境は改善される，というわけではありません。先にも述べたように，日本では公害反対の世論の高まりを背景に，政府が公害対策のための法整備を行ったことで汚染削減が進展してい

きました。このように，環境問題に対応するには，多くの場合，政府が民間の経済活動に対して何らかの介入を行うことが必要となります。環境の適正な利用・管理を実現するために政府はどのようなやり方で経済システムに介入すべきか，ということに関しては，環境経済学に基づく分析から得られる知見に期待が寄せられています。

3 地球環境と人間社会の持続可能性をめぐって

　日本が公害対策に追われた 1960 年代から 1970 年代には，他の主要先進国も環境問題への対応を迫られるようになりました。このように環境問題が先進国共通の政策課題になったことを背景に，国連人間環境会議が 1972 年にストックホルムで開催されました。この国際会議は，環境問題に関する議論が国家間で交わされる最初の場となりました。また，同年にはローマクラブが『成長の限界』と題する報告書を発表し，経済成長が現状のまま継続するならば，環境汚染の激化や資源枯渇によって人間活動の基盤そのものが損なわれ，成長は限界に直面することになる，との予測を示しました。この報告書は，地球の有限性が人間社会の持続可能性に深くかかわっていることを強く認識させる契機となりました。

　地球環境と人間社会のあり方をめぐっては，持続可能な発展（sustainable development）という概念に注目が寄せられてきました。持続可能な発展の定義については，国連に設置された「環境と開発に関する世界委員会」（ブルントラント委員会）が 1987 年に公表した報告書によるものがよく知られており，そこでは「将来世代が自らの欲求を満たす能力を損なうことなく，現在世代の欲求を満たすような発展」とされています（WCED, 1987）。この定義は，現在世代と将来世代との間の衡平性をいかにして確保するかという，世代間衡平の問題を提起することになりました。持続可能な発展という概念は，1992 年の国連環境開発会議（地球サミット）で採択されたリオ宣言をは

じめとして，多くの条約や宣言，法などに盛り込まれるようになっています。

　持続可能な発展を実現するためには，どうすれば人間が地球の有限性や世代間衡平を考慮して活動するようになるか，という課題に取り組む必要があります。また，経済学の立場からは，長期でみた社会全体の効率性という問題についても検討する必要があり，これに関しては持続可能な発展を経済学的に定式化しようとする試みがなされてきました（植田，2015）。

　本章第 1 節で解説したように，環境経済学は，環境容量を超えるようになった人間活動を制御することを目的として，環境の適正な利用・管理を実現しうる経済システムのあり方を効率性や衡平性の観点から考察する学問です。したがって，上記のような持続可能な発展をめぐる諸課題に関して，環境経済学は有用な分析視角を提供する役割を担っています。

第 1 章の演習課題

　大気汚染や水質汚濁などの公害問題に対して，日本ではこれまでにどのような対策がとられてきたかを調べ，その成果について汚染状況のデータをみながら議論しましょう。

エコロジカル・フットプリントでみた人間活動の規模

　経済の成長・発展とともに，人間活動に伴って排出される廃物の量・質が環境容量を超え，再生可能資源の採取量も自然の再生産力を上回るようになりました。いったい人間活動の規模は環境容量や自然の再生産力をどの程度超えているのでしょうか。

　この問いについて考える際に役立つ指標として，エコロジカル・フットプリントがあります。これは，生物生産力や廃物の吸収力といった自然環境が提供してくれるさまざまなサービスを人間がどの程度必要としているかを土地や水域の面積によって測定するというもので，1990年代初期にカナダのブリティッシュ・コロンビア大学の研究者によって開発されました。このエコロジカル・フットプリントと実際にサービスを提供できる自然環境の面積（総生物生産力，あるいはバイオキャパシティと呼ばれます）とを比較することで，人間の社会・経済活動の規模が環境容量や自然の再生産力をどの程度超えているかが判断できます。なお，エコロジカル・フットプリントや総生物生産力は，平均的な生物生産力や廃物吸収力を持つ土地1ヘクタールを意味するグローバルヘクタール（gha）という単位で表現されます。

　図は，1961年から2018年の間に世界全体のエコロジカル・フットプリントと総生物生産力がどのように推移してきたかを示したものです。1961年の時点では，エコロジカル・フットプリントは70億gha，総生物生産力は97億ghaと計測されており，人間活動の規模は環境容量や自然の再生産力の範囲内に収まっていました。しかしその後，エコロジカル・フットプリントは総生物生産力を上回るペースで増加し続けました。1970年代になるとエコロジカル・フットプリントは総生物生産力を超えるようになり，2018年には，総生物生産力が121億ghaであるの

に対して，エコロジカル・フットプリントは 212 億 gha にまで増加しました。これは，人間が地球を 1.75 個必要とするような規模の活動を行っていることを意味しています。

　以上のことから，私たちが現在享受している豊かな生活は，将来世代に残されるべき自然資源を食い潰すことによって成り立っているといえます。現状のままでは，将来的に人類活動の維持が困難になるかもしれません。現在を生きる私たちには，こうした持続可能性という課題に真摯に向き合う責任がある，といえるでしょう。

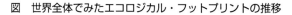

図　世界全体でみたエコロジカル・フットプリントの推移

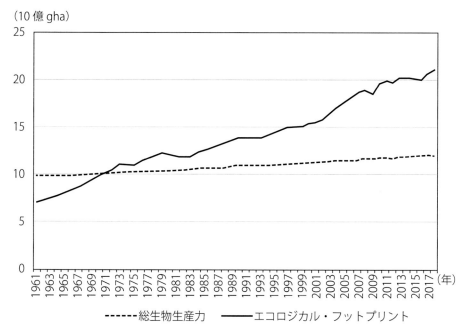

出典：Global Footprint Network のデータに基づき作成
　　　（https://www.footprintnetwork.org/）。

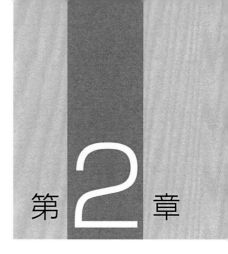

第2章

市場メカニズムと環境問題

福岡県北九州市の東田第一高炉史跡広場にあるモニュメント（著者撮影）。日本の高度経済成長と産業公害の歴史を今に伝える同市は，環境モデル都市としての取り組みを進めている。

1 分析道具としてのミクロ経済学

　環境経済学の課題は，環境の適正な利用・管理を促すようなインセンティブを消費者や企業に対して与えるための仕組みを考察することです。そのためには，個々の消費者や企業の行動を分析するための道具が必要になります。そこで用いられるのが，ミクロ経済学の分析手法です。ミクロ経済学は，個々の消費者や企業の行動に関する分析から始まって，それを基に市場全体の分析枠組みを構築し，市場メカニズムを通じて資源がどのように配分されるのかを考察します。このミクロ経済学の分析手法を用いると，環境破壊は経済の効率性にかかわる問題である，ということが説明できます。

　そこでこの章では，まず環境経済学の理論を学習するために必要となるミクロ経済学の基礎について解説します。そのうえで，環境問題が存在する場合の市場メカニズムの機能について考察することにしましょう。

2 市場メカニズムの分析枠組み

● 消費者行動と需要曲線

　いま，とてもお腹が空いている人（消費者A）がいて，この人がパンを買って食べようとしている状況を考えます。おそらくこの人は，すぐにでも食べたい状況なので，最初の1個を買うときには少々高い価格でも買いたいと思っているでしょう。そこで，この人が最初の1個のパンに対して支払ってもいいと思う最大金額を，700円としてみましょう。この「消費者が支払ってもいいと思う最大金額」のことを，支払意思額と呼びます。

　さて，1個のパンを食べても，この人はまだお腹が満たされていないとしたら，2個目を食べようとするでしょう。ただし，すでにパンを1個食べているので，最初の1個を買うときほどは差し迫った状況にはないと思われま

す。したがって，追加的な 1 個のパン（つまり 2 個目）に対する支払意思額は，700 円よりも低い金額になるでしょう。ここではそれを 500 円とします。2 個食べてもお腹が満たされないならば，この人はさらに追加的な 1 個（つまり 3 個目）を食べようとするでしょう。そのときの支払意思額を 300 円とします。それでもまだ満腹にならなければ，4 個目を食べようとするでしょう。その追加的な 1 個（つまり 4 個目）に対する支払意思額を 100 円とします。ここでこの人が満腹になったとすると，5 個目以降の支払意思額は 0 円ということになります。

　図 2 - 1 には，消費者 A の支払意思額を棒グラフで表して並べてあります。図中の太線で示された階段状の部分は，パンに関する消費者 A の需要曲線に相当します。ここで，パンの価格が 1 個当たり 250 円であるとしましょう。このとき，消費者 A にとって合理的なのは，支払意思額が価格を上回る限り購入することです。支払意思額は 1 個目が 700 円，2 個目が 500

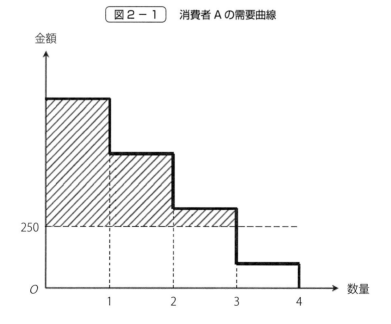

図 2 - 1　消費者 A の需要曲線

円，3個目が300円，4個目が100円，5個目以降が0円なので，250円以上なのは3個目までです。したがって，消費者Aにとっては3個目まで購入するのが合理的です。このような意思決定をすることで，消費者Aはパンの消費によって利益を得ます。なぜなら，支払ってもいいと思っていた金額よりも安い価格で3個のパンを購入できたからです。しかも，3個という個数を選択することで，他のいかなる個数を選択した場合よりも大きな利益を得ることになります。この利益を計算すると，

$$(700 - 250) + (500 - 250) + (300 - 250) = 750$$

となります。売買を通じて消費者側が得るこの利益のことを，消費者余剰と呼びます。消費者Aの消費者余剰は，図2－1のグラフでみると斜線の部分に相当します。

　このように，支払意思額を基にして個々の消費者の需要曲線を描くことができます。それぞれの消費者の好み（選好）が異なれば，同じパンでもそれに対する需要曲線は消費者によって異なります。したがって，一般的には，価格が250円のときの合理的な購入量も消費者ごとに差異が生じると考えられます。

● 生産者行動と供給曲線

　パンを製造・販売している店（生産者a）を考えましょう。パンの生産には当然のことながら費用を要します。費用の大きさは，この店が持っている生産技術によって決まります。ここで，最初の1個目のパンを生産するのに要する費用を100円としましょう。次に，すでに1個生産している状況で，追加的な1個（つまり2個目）を生産するのに要する費用を150円とします。この「追加的な1個の生産に要する費用」のことを限界費用と呼びます。すでに2個生産している状況で，3個目を生産するときの限界費用を210円とします。以後，4個目を生産するときの限界費用を280円，5個目を生産す

るときの限界費用を 360 円としましょう。このように，限界費用は徐々に増加していく（限界費用は逓増する）ものと考えることにします。

　ここでは生産者の持つ技術をかなり簡略化していますが，実際には生産量によって限界費用がどのように変化するかは技術によって異なってきます。それでも，限界費用が逓増する理由としては次のようなことが挙げられます。製造・販売するパンの量を増やすために生産者 a が従来の営業時間（例えば 9 時から 17 時）だけでなく早朝や夜の時間帯も営業することを考えたとします。おそらく，早朝や夜遅くに働いてもらう従業員やアルバイトを雇おうとするならば，従来の営業時間で働く場合よりも給料を高くしなければ，人材を集めることは難しいでしょう。こうして生産量の拡大に伴って費用が上昇していくことが考えられます。また，生産拡大のためには原材料をより多く仕入れなければなりませんが，その調達が以前よりも困難になってしまうことで，費用が押し上げられるかもしれません。さらに，人員の増加とともに組織の管理に要する費用がかさんでくることなども要因となりうるでしょう。

　図 2 − 2 には，生産者 a の限界費用を棒グラフで表して並べてあります。図中にある，太線で示された階段状の部分は，パンに関する生産者 a の供給曲線を示しています。なお，この店の生産能力では 5 個までしかパンを製造できないと想定しています。したがって 5 個目を上回る生産に関しては，供給曲線が垂直に描かれています。

　ここで，生産者の意思決定を考察するために，次のような前提を置きます。生産者 a のほかにも同じようなパンを売る店が多く存在していて，客の奪い合いで激しい競争が行われているとしましょう。このとき，生産者 a は市場で決まった価格を受け入れざるを得ないので，プライス・テイカーとして行動することになります。

　さて，市場ではパンが 1 個 250 円の価格で販売されているとします。生産者 a もこの価格を受け入れざるを得ません。このとき，生産者 a にとって合

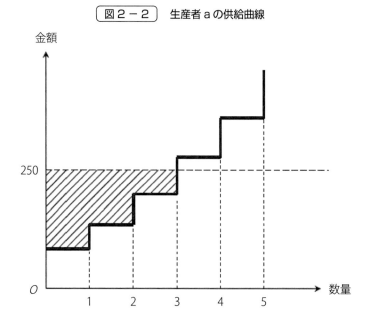

図２－２　生産者 a の供給曲線

金額

250

O　　数量

1　　2　　3　　4　　5

理的なのは，限界費用が価格を下回るところまで生産することです。限界費用は１個目が100円，２個目が150円，３個目が210円，４個目が280円，５個目が360円なので，価格を下回るのは３個目までです。したがって，生産者 a にとっては３個生産するのが合理的です。つまり，生産量を３個とすることで，この生産者は最大の利益を得ることができるのです。このとき生産者 a が得る利益は，次のように計算できます。

$$(250 - 100) + (250 - 150) + (250 - 210) = 290$$

売買を通じて生産者側が得るこの利益は，生産者余剰と呼ばれます。生産者余剰は，固定費用を無視できる場合には利潤と同じものになります。生産者 a の生産者余剰は，図２－２のグラフでみると斜線の部分に相当します。

このように，供給曲線は個々の生産者が持つ技術を反映する限界費用を基にして描かれます。同じパンを製造する生産者であっても，技術が異なれば

供給曲線の形状には差異が生じます。そのため，一般的には，価格が 250 円のときに選択される生産量も生産者ごとに異なると考えられます。

● 市場モデルと社会的余剰

　ある財・サービスに関して，市場全体の分析を行う場合には，個々の消費者の需要曲線，および個々の企業の供給曲線をそれぞれ集計する必要があります。市場全体で必要な情報は，ある価格の下でそれぞれの消費者が選択する購入量（需要量）の合計，およびある価格の下でそれぞれの生産者が選択する生産量（供給量）の合計です。したがって，集計された需要曲線（市場需要曲線）は，個々の消費者の需要曲線を水平に加えていけば導き出せます。また，集計された供給曲線（市場供給曲線）も，個々の生産者の供給曲線を水平に加えていくことで導き出せます。

　図2−3には，以上のようにして導出された市場需要曲線と市場供給曲線が描かれています。この図では，これまでの説明で用いた図とは異なり，曲線の形状をより一般的な形で示しています。これが市場の機能を分析するための基本モデルとなります。図中の価格 P^* では，消費者の需要量と生産者の供給量が一致しています。このような価格を均衡価格と呼びます。均衡価格が実現されるためには，市場を支配して価格に影響を与えることができるような主体が存在しないことが条件の1つとなります。つまり，非常に多くの消費者や生産者が市場に存在している状況を想定する必要があります。このような競争的な市場では，P^* よりも高い価格がついていて超過供給が発生している状態（つまりモノ余りの状態）であれば価格は低下し，逆に P^* よりも価格が低いために超過需要が発生している状態（つまりモノ不足の状態）であれば価格は上昇する，というメカニズムが働くと考えられます。こうして，均衡価格 P^* が実現することになります。

　いま，均衡価格 P^* が実現したとしましょう。このとき取引される量は Y^* です。上で述べた消費者余剰と生産者余剰の概念を用いることで，これらの

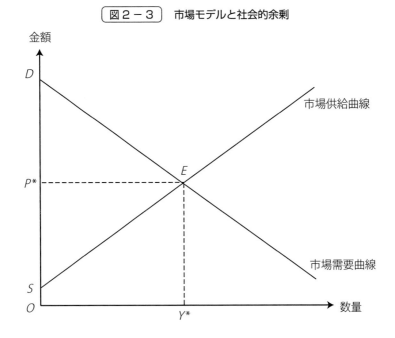

図 2 − 3　市場モデルと社会的余剰

価格と取引量が市場で達成されたときに生み出される社会的利益について考察することができます。図 2 − 3 のグラフでみると，領域 DEP^* が消費者余剰に相当し，領域 SEP^* が生産者余剰に相当します。消費者余剰と生産者余剰をあわせたものを社会的余剰と呼びますが，これは図中の領域 DSE で示される部分に当たります。なお，P^* とは異なる価格がついているときの社会的余剰の大きさは，均衡価格 P^* の場合と比較して小さくなります。つまり，均衡価格 P^* が実現しているときにのみ社会的余剰は最大になるのです。

3　環境問題と市場の機能

　環境問題は，ある主体が汚染物質や廃棄物などをそのまま環境中に排出し，健康被害や自然破壊などのかたちで他の主体に対して直接的に悪影響を

及ぼすことで発生します。経済学では，このような問題を，ある経済主体の行動が市場を経由せずに他の経済主体の利益（効用や利潤）を損なっている現象として捉えます。この現象は外部不経済と呼ばれています。

　外部不経済は，市場メカニズムが効率的な資源配分（社会的余剰の最大化）を実現できないという事態，すなわち市場の失敗をもたらす要因の１つです。前節では，外部不経済が存在していない場合の市場モデルについて解説しました。この節では，外部不経済が存在する場合の市場の機能について考察しましょう。

　いま，ある財を生産する過程で大気汚染物質が排出されている状況を考えましょう。この大気汚染物質は健康被害や自然破壊をもたらします。汚染が原因で発生するこうした損害を，外部費用と呼びます。この財を生産する企業が外部費用をそもそも認識していなかったり，仮に認識していたとしてもそのような損害に関して対策や補償を要求されるような仕組みが存在していない場合，企業は自身の生産活動において労働や原材料，機械設備などを用いることで発生する費用（これを私的費用と呼びます）のみを考慮して意思決定をすることになるでしょう。

　企業が私的費用しか考慮せずに生産量を決定するとどのような事態に至るのかについて考えてみましょう。図２－４には，企業が生産する財に関する（市場）需要曲線と，生産量を決定する際に企業が考慮する私的限界費用曲線が描かれています。この私的限界費用曲線は，前節で解説した（市場）供給曲線に当たるものです。この財の市場が競争的であるとすると，価格は P_0 に決まり，生産量は Y_0 となります。このときの消費者余剰は領域 DBP_0，生産者余剰は領域 SBP_0 に相当します。しかし，この財の生産に伴って外部費用が発生しています。生産にかかわって発生する費用については，社会全体でみた場合，私的費用だけでなく外部費用も考慮する必要があります。私的費用と外部費用をあわせたものを社会的費用と呼びます。図２－４には，私的限界費用曲線に限界外部費用（生産量が１単位増加することで追加的に発生

図2−4　外部不経済の分析モデル

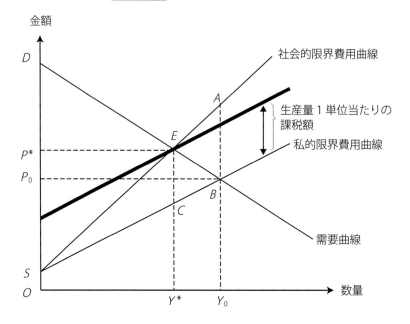

する外部費用）を上乗せした，社会的限界費用曲線も描かれています。

　ここで，生産量と外部費用との関係について説明を加えておきます。生産量が増加すれば汚染物質の排出量も増加すると考えられるので，生産量が多いほど健康被害や環境損害（＝外部費用）は大きくなるでしょう。さらに，ここでは限界外部費用が生産量の増加とともに上昇するという想定をしています。これは，生産水準が大きいときほど健康被害や環境損害の増え方が大きくなるという前提を置いていることを意味します。ただし，汚染物質の排出量と健康被害や環境損害の発生の仕方がどのような関係にあるかは，汚染物質の性状によって異なると考えられます。

　生産量が Y_0 のとき，領域 SAB に相当する外部費用が発生しています。また，先にみたようにこの生産量のときの消費者余剰は領域 DBP_0，生産者余剰は領域 SBP_0 でそれぞれ表されます。Y_0 の生産量の下での社会的余剰

は，［消費者余剰＋生産者余剰－外部費用］を計算することで得られます。
図 2 - 4 のグラフでみると，これは［領域 DSE －領域 ABE］となります。

　上で述べたように，外部不経済が存在する場合，社会全体では私的費用だ
けでなく外部費用も発生しているので，社会的に望ましい生産量は社会的費
用と財に対する社会全体の需要に基づいて決定されるべきです。そのような
生産量は，図 2 - 4 でみると，社会的限界費用曲線と需要曲線が交わる点 E
に対応する Y^* であり，価格は P^* となります。このときの消費者余剰は領
域 DEP^*，生産者余剰は領域 $SCEP^*$，外部費用は領域 SEC に相当します。
したがって，［消費者余剰＋生産者余剰－外部費用］は領域 DSE になりま
す。これは Y_0 の場合の社会的余剰よりも大きくなっています。ちなみに，
社会的に望ましい生産量である Y^* のとき，社会的余剰は最大になります。
以上より，外部不経済が存在する状況で，外部費用が考慮されないまま生産
量の決定がなされると，社会的に望ましい生産量が実現する場合と比較して
社会的余剰が減少してしまうことがわかります。この社会的余剰の減少分
（図 2 - 4 の領域 ABE）は厚生損失，あるいは死荷重と呼ばれます。厚生損失
が発生しているということは，経済の効率性が損なわれていることを意味し
ます。このように，環境問題が発生しているにもかかわらず社会として適切
な対応がなされないと，効率性にかかわる問題を引き起こすことになるので
す。

　外部不経済という概念の基礎は，アーサー・C・ピグーが著した『厚生経
済学』の中で提示されました（Pigou, 1920）。彼は，外部不経済が生じている
状況においては，政府が課税などを通じて市場経済に介入し，外部費用をも
たらしている原因者の行動を矯正する必要があると説いています。このこと
について，図 2 - 4 を用いて説明しましょう。区間 EC に相当する金額を生
産 1 単位に対して課税することで，私的限界費用曲線が図中の太線で示され
る位置に平行移動します。この課税後の私的限界費用曲線は，点 E におい
て需要曲線と交わっているので，生産量は Y^* の水準が選択されることにな

ります。このように，課税を通じて社会的余剰を最大化する生産量が実現することになるのです。ピグーによるこうした議論は，環境経済学の礎として現在でも重要な位置を占めています。

・・第2章の演習課題・・

　　外部不経済に対処するための方策としては，課税に加え，補助金給付や規制といった手段があります。果たして，政府が実際にこうした手段を用いて外部不経済に適切に対処することが可能なのか，またそれが可能であるためにはどのような条件が必要か，ということについて議論してみましょう。

Column 2

コモンズとしての環境資源

　環境資源をいかにして適切に管理するかという課題に関しては，コモンズという概念から検討するアプローチがあります。コモンズとは，牧草地や森林，漁場，河川など，誰もが利用できる資源（共有資源）を意味しています。コモンズの管理をめぐっては，ハーディンが示した悲観的な見解がよく知られています（Hardin, 1968）。彼は，複数の農民が共有している牧草地に好きなだけ牛を放牧することができるような状況では，農民は皆，自己利益のみを考えて牛を無制限に放牧してしまうことになるため，牧草は食べ尽くされ，共有資源である牧草地は荒廃してしまう結果になると主張しました。これは「コモンズの悲劇」と呼ばれ，合理的個人による自己利益の最大化を追求する行動が共有資源の過剰利用を招いてしまうことを象徴的に描写しています。

　しかし，このような悲観的な見方に対しては，多くの異論や批判が提示されました。実際の牧草地や山林，貯水池，灌漑施設，漁場などは，利用する主体が地域的に限定されるコモンズ（これはローカル・コモンズと呼ばれます）であり，そうした共有資源については利用者によって共同体的に管理されてきた事例が多く存在することが明らかになっています。このようなコモンズの管理の仕組みに関しては，伝統や慣習を通して培われてきた行動規範を基礎とした制度が備わっており，それによってコモンズの荒廃という「悲劇」が回避されてきたと考えられています（Dasgupta, 2001）。こうしたことから，コモンズは単に共有資源であるというだけにとどまらず，その適切な管理を可能とする制度とあわせて理解する必要があると指摘されています（間宮，2002）。

　コモンズ研究の分野における代表的な研究者として，エリノア・オストロムを挙げることができます。オストロムは，比較的小規模の共有資源の管理問題に関しては，利用者はできる限り効果的にこれを解決しようと試み，互いに意思疎通を図ろ

うとする，という行動原理に基づいて分析する必要があると主張しました。彼女は，こうした利用者間の意思疎通が，過剰利用を回避して共有資源を効率的に維持管理していくための「自己組織的で自己統治的な」制度の創出につながっていく，という議論を展開したのです（Ostrom, 1990）。オストロムは，この分野での研究業績が評価され，2009年にノーベル経済学賞を受賞しました。

　「コモンズの悲劇」は，共有資源の規模が大きいために利用者が相互に意思疎通を行うことが困難で，皆独立に行動し，他人の行動がもたらす影響に対して注意を払うことがなく，状況を変えようとする際の費用が大きいような事例を説明する場合に当てはまるのかもしれません。こうした性質を持ったコモンズとして，大気などの地球規模の環境資源を挙げることができるでしょう。これはグローバル・コモンズと呼ばれています。地球温暖化は，グローバル・コモンズの管理にかかわる問題として捉えることができます。国際社会は，温暖化によって地球環境や人間の社会・経済活動にもたらされるであろう「悲劇」を回避するための有効な制度を構築できるのかどうかが問われているのです。

(参考文献)

　　Dasgupta, P. (2001) *Human Well-being and the Natural Environment*, Oxford University Press. （植田和弘監訳『サステイナビリティの経済学——人間の福祉と自然環境』岩波書店，2007年）

　　Hardin, G. (1968) "The tragedy of the commons," *Science*, Vol. 162, pp. 1243-1248.

　　Ostrom, E. (1990) *Governing the Commons : The Evolution of Institutions for Collective Action*, Cambridge University Press.

　　間宮陽介（2002）「コモンズと資源・環境問題」佐和隆光・植田和弘編『環境の経済理論』岩波書店，181-208ページ。

第3章

費用便益分析と環境問題

広島県福山市にある鞆の浦の風景（著者撮影）。埋め立て架橋計画が持ち上がった際，景観破壊を招くとして反対運動が展開されたことで全国の注目を集めた。

1 費用便益分析の考え方とその意義

　財の生産・消費やさまざまな開発行為は，多くの場合，環境への影響を伴います。環境が希少資源となった現代では，こうした活動がもたらす環境損害をどの程度にとどめるべきなのかを考える必要があります。言い換えれば，私たちは，経済的利益を獲得するために犠牲となる環境がどの程度であれば社会全体として許容できるのかという，いわば環境と経済のトレードオフに関する意思決定をしなければならないということです。こうした社会全体での意思決定（公共的意思決定）を行う際の判断基準を提供してくれる道具が，費用便益分析です。この分析道具は，社会資本の整備など，公共部門が行うプロジェクトに関して経済評価を行うために用いられます。また，この費用便益分析によって，環境改善を目的としたプロジェクトや公共政策の経済評価を行うこともできます。

　費用便益分析の考え方では，あるプロジェクトがもたらす社会的便益から，それに要する費用を差し引いたもの，すなわち社会的純便益が正値であるならば，そのプロジェクトは経済効率性の面からみて実施すべきであるということになります。道路や港湾の整備，ダム建設などといった公共部門が実施するプロジェクトは通常，長い期間にわたって社会に便益をもたらしますし，また初期の建設費用に加えて毎年の維持管理費用が必要になります。こうしたことも考慮に入れて，プロジェクトを実施すべきであるとの判断が行われる場合の基準を一般的なかたちで表すと，次のようになります。

$$NB = B_0 - C_0 + \frac{B_1 - C_1}{1 + r} + \frac{B_2 - C_2}{(1 + r)^2} + \cdots + \frac{B_T - C_T}{(1 + r)^T}$$

$$= \sum_{t=0}^{T} \frac{B_t - C_t}{(1 + r)^t} > 0$$

この式において，NB は社会的純便益，t は時間（$t = 0, 1, 2, \cdots, T$），T は便

益や費用が発生する最終期を表しており，B_t と C_t はそれぞれ t 期に発生する便益と費用を意味しています。また，r は割引率を示していますが，これは将来発生する便益や費用の現在価値を計算するために用いています。割引と呼ばれるこのような作業を行う理由は，1 年後に発生する便益や費用と現在発生する便益や費用は，同じ額であっても経済的な価値は異なるということにあります。例えば，銀行の利子率が 5% だとすると，現在の 100 万円を銀行に預金すれば 1 年後には 100 万円 ×（1 + 0.05）= 105 万円になります。したがって現在の 100 万円は 1 年後の 100 万円ではなく 105 万円と同じ価値を持つと考えられます。では，1 年後の 100 万円と同じ価値を持つ現在の金額はいくらになるでしょうか。これは 100 万円を利子率 5% で割り戻すことで得られます。つまり，100 万円 ÷（1 + 0.05）となります。こうしたことから，将来の便益や費用は現在価値に直して足し合わせる必要があるのです。

　ここで，具体的な数値例を用いて費用便益分析について考えてみましょう。表 3 − 1 には，4 期にわたって便益と費用が発生するプロジェクトの例が示されています。表の中で環境損害額が費用とは別に書かれているのは，このプロジェクトが環境損害をもたらすにもかかわらず，それが費用として考慮されていない状況を想定しているからです。この表の数値に基づいて割引率を 5% に設定して便益と費用の現在価値を計算すると，それぞれ 207.05 億円と 202.51 億円になります。これらの数値の差額を考えると社会的純便益は正になるので，このプロジェクトは実施すべきであると判断されます。

表 3 − 1　環境損害をもたらすプロジェクトの費用便益分析

（単位：億円）

	0 期	1 期	2 期	3 期
便　益	70	60	50	40
費　用	40	50	60	70
環境損害額	0	0	5	10

ところが，実際には環境損害が発生していて，その額の現在価値を計算すると 13.17 億円になります。これと費用の現在価値とを足し合わせて，改めて便益の現在価値と比較すると社会的純便益は負になるので，このプロジェクトは実施すべきではないことになります。このように，プロジェクトが環境損害をもたらす場合にそれが費用として考慮されなければ，費用便益分析の結果から誤った判断を下してしまう可能性があるのです。

　環境に悪影響をもたらすプロジェクトや政策を費用便益分析で評価する場合，発生する環境損害の程度を含めて算定された費用が便益と比較される必要があります。また，環境改善を目的としたプロジェクトや政策の経済評価に費用便益分析を用いる場合，実現する環境改善が便益であり，これがプロジェクトや政策に要する費用と比較されることになります。つまり，環境悪化をもたらすプロジェクトや政策，あるいは環境保全を目的とするプロジェクトや政策に費用便益分析を適用するためには，環境損害や環境改善の貨幣評価額を知る必要があるのです。しかし，多くの場合，環境には市場が存在しないために価格がついていません。したがって，費用便益分析において環境を考慮するためには，環境という市場で取引されない財を貨幣額で評価するという作業が不可欠になります。どのような方法を用いれば環境を貨幣額で評価できるのかについては，第4章で解説します。

2　行政の意思決定と費用便益分析

　行政の意思決定において費用便益分析が活用される局面の1つに，公共事業の評価があります。米国では，早くから水資源開発などの分野で公共事業の評価に費用便益分析が用いられており，事業評価の際に環境の価値をどのように考慮するかという議論や研究も進められてきました。また，規制政策が経済にどのような影響を及ぼすのかを事前に評価する場合にも費用便益分析は活用されています。米国では，1981 年にレーガン政権下で発令された

大統領令 12291 により，行政機関が規制政策を提案する際には経済への影響を分析することが義務づけられ，これが原型となって規制影響分析という手続きが制度化されてきました。この手続きでは，規制についての費用便益分析や代替案との比較・検討などが行われます。当然のことながら，米国環境保護庁が環境規制を提案する際にもこの手続きを経る必要があります。

　日本では，1997 年に当時の総理大臣が公共事業の新規採択時に費用対効果分析を行うように指示したことを契機として，公共事業を所管する各省で費用便益分析を実施するためのマニュアルが整備されるようになりました。また，2001 年に制定された「行政機関が行う政策の評価に関する法律」により，事業費が 10 億円以上の公共事業については事前評価を行うことが義務づけられ，その際に費用便益分析が用いられています。このように，日本では近年になってようやく費用便益分析が行政の意思決定において活用されるようになりました。公的部門の効率性が厳格に問われるようになっている今日において，費用便益分析は行政が実施する事業や政策を効率性の観点から評価するための重要な道具として位置づけられています。

3　費用便益分析と衡平性

　あるプロジェクトに関して，それが生み出す社会的純便益が正であることから実施すべきであるという判断がなされたとしても，それはあくまで効率性の面からみた場合の判断にすぎません。そのプロジェクトによって便益を享受する人々がある特定の社会集団のみであり，一方で費用は別の特定の社会集団が負うことになるならば，効率性の観点から実施するに値するといえる場合でも，衡平性の点ではそのような判断を下すのは問題があるでしょう。公共的意思決定を行うための判断材料を得る目的で費用便益分析を利用する際には，効率性のみならず衡平性の面に関しても検討することが重要なのです。

衡平性は，例えば税の負担に関して一定の配慮が現実になされています。高所得者ほど高い税率を課すという累進課税は，所得階層間の衡平性（垂直的衡平）に配慮して日本でも実施されている課税方式です。一方，消費税については，所得に占める消費支出の割合が低所得者ほど大きいために，所得が低い人ほど税の負担率が大きくなるという逆進性が問題視されることがあります。

　費用便益分析と垂直的衡平について，表3－2にある数値例を用いて考えてみましょう。いま，2つのプロジェクトが提案されており，いずれを優先的に実施すべきかを行政当局が判断しようとしている状況を想定します。2つのプロジェクトのうちどちらが実施されたとしても，年収200万円の所得階層（所得階層A）と年収1,000万円の所得階層（所得階層B）はともに純便益を得ることができます。それぞれの所得階層に属する1人が享受する純便益（すなわち純便益の分配）については，プロジェクト1では所得階層Aが20万円，所得階層Bが10万円を受け取り，プロジェクト2では所得階層Aが10万円，所得階層Bが80万円を受け取るものとします。このとき，所得に占める純便益の割合をみると，プロジェクト1の場合，所得階層Aでは10%，所得階層Bでは1%となっています。このように，所得に占める純便益の割合でみて所得が低い階層の方が有利な場合，累進的な分配影響を持つプロジェクトであるといえます。一方，プロジェクト2では，所得に占

表3－2　所得階層間の衡平性と費用便益分析

	年収200万円の所得階層	年収1,000万円の所得階層
プロジェクト1		
純便益の分配	20万円	10万円
所得に占める割合	10%	1%
プロジェクト2		
純便益の分配	10万円	80万円
所得に占める割合	5%	8%

める純便益の割合は所得階層Ａが5%，所得階層Ｂが8%となっています。この場合のように，所得が高い階層の方が有利であるならば，逆進的な分配影響を持つプロジェクトであるということになります。

　ここで，所得階層Ａの人口は所得階層Ｂの人口の5倍であるとし，それぞれのプロジェクトがこれらＡ，Ｂ以外の所得階層に対してもたらす影響については議論を単純化するために考慮しないことにしましょう。この場合，純便益の総額でみると，プロジェクト2はプロジェクト1を上回っています[1]。このことから，効率性の観点で判断するならば，プロジェクト2はプロジェクト1よりも優先度が高いといえます。しかしながら，プロジェクト2は，衡平性の面からみた場合にはその逆進性が問題となってくると考えられます。

　もちろん，これは非常に単純な例を用いた説明にすぎません。現実には，プロジェクトがもたらす分配影響はより複雑なものになるでしょう。しかし，そうした複雑な分配影響を明らかにする作業は，衡平性の観点から検討を行うためには不可欠なものです。費用便益分析を行う場合，分配影響にかかわる情報もあわせて把握することで，公共的意思決定にとって真に有用な情報が得られることになるでしょう[2]。

4　割引率と世代間衡平

　現在を生きる世代の私たちはさまざまな活動を行っていますが，その影響がまだ生まれていない将来世代に及ぶことがあります。地球温暖化のような環境問題に現在世代がどのように対応するかは，将来世代が享受する便益，あるいは負担する費用を左右することになるでしょう。将来世代は，当然のことながら現在世代の行う選択に対して異議を唱えたり発言したりすることはできません。こうした立場にある将来世代への配慮を現在世代がどのように行うべきかという課題は，世代間衡平にかかわる重要な論点です。

　地球温暖化問題への対応を例に考えましょう。温室効果ガスの排出削減などの対策に要する費用を負担するのは現在世代です。一方，温暖化に伴って将来発生するであろう被害はその対策によって回避されますが，そのような便益は将来世代が享受することになります。もし現在世代が対策を実施しないという選択をした場合，対策費用の負担を免れるという便益を受け取るのは現在世代です。その選択に伴う費用は，温暖化による被害というかたちで将来世代が負担することになります。このように地球温暖化問題は，対策の費用は現在世代が負担する一方で対策の実施による便益は将来世代が享受するので，便益と費用が世代間で偏って発生するという特徴を有しているといえます。

　地球温暖化対策を実施するかどうかについて，現在世代が費用便益分析を用いて公共的意思決定を行うとしましょう。このとき，将来世代が享受する便益，あるいは負担する費用は割引率を用いて現在価値化されます。ここで，将来の時点として100年後を考え，そのときに発生する便益（あるいは費用）の大きさを1,000億円とします。その現在価値を5％の割引率を用いて計算すると，およそ7億6,000万円になります。将来の時点を50年後としても，そのときに発生する1,000億円の現在価値は，5％の割引率を用いると約87億2,000万円にしかなりません。遠い将来に発生する便益や費用は，現在価値でみるとこれほどまでに縮小することになるのです。このことから考えて，地球温暖化対策の実施について費用便益分析を適用すると，実施する場合に得られる将来世代の便益は現在世代の費用負担よりも小さいとみなされ，また実施しない場合に将来世代にもたらされる被害は現在世代が負担しないで済む費用よりも小さいとみなされる傾向が強いでしょう。結果として，費用便益分析に基づくと現在世代は地球温暖化対策を実施しない方が望ましいという判断に至ることになりかねません。

　もちろん，将来世代の便益や費用が現在価値でみてどのように評価されるかは，採用される割引率の値によります。どのような割引率を選択すべきか

をめぐっては議論があります。地球温暖化問題との関連でいえば，世代間衡平の観点から割引率を低い値に設定することがしばしば主張されます。そのような立場を表明している代表的な文献であるスターン・レビューは，地球温暖化対策を実施しない場合の損失が対策の費用を上回ることを示し，早期に対策をとることの必要性を訴えています（Stern, 2007）。ただし，世代間衡平を重視するという理由から低い割引率を用いることに対しては批判もあります。地球温暖化対策のように長期的視点が必要とされる環境政策に関して費用便益分析を適用する際にどのような割引率を採用すべきか，という論点は重要な研究課題の1つとなっています。

【注】

1）表3−2の数値例において，所得階層Bの人口をn，所得階層Aの人口を$5n$として計算を行うと，プロジェクト1の純便益の総額は$110n$（$= 20 × 5n + 10 × n$），プロジェクト2の純便益の総額は$130n$（$= 10 × 5n + 80 × n$）となります。なお，この数値例の場合，所得階層Aの人口が所得階層Bの人口の7倍であるとき，2つのプロジェクトの純便益総額は等しくなります。所得階層Bと比較した場合の所得階層Aの人口が7倍を下回る限り，プロジェクト2の方がプロジェクト1よりも純便益の総額が大きくなります。

2）プロジェクトの実施に伴ってどれだけの便益（または費用）がどのような主体に帰着するかを明らかにすることが困難であれば，衡平性の観点からそのプロジェクトの実施について判断することはできなくなります。この場合，費用便益分析に基づいてプロジェクトの効率性についてのみ評価し，衡平性は累進課税や社会保障などによって確保するのが望ましいと考えられます。

第3章の演習課題

　現在世代が将来世代に配慮した経済活動を行うようになるためには社会としてどのような仕組みが必要か，ということについて議論してみましょう。

地球温暖化対策の評価において 割引率はどう設定されるべきか

　費用便益分析に基づいて地球温暖化対策を評価する場合，現在世代が負担する費用と将来世代が享受する便益を比較する際に割引率をどのように設定するかという問題を避けることはできません。この論点をめぐっては，大きく分けて2つの考え方があります。1つは，機会費用に基づいて割引率の値を設定するというもので，記述的アプローチあるいは市場アプローチと呼ばれています。これは，地球温暖化防止のための投資についても，教育や医療，先端技術の開発といった将来世代に便益をもたらす他の投資機会と同様の基準で評価されるべきである，という考え方です。将来の便益や費用を割り引く理由は，現在投資を行えば将来において利子を生むという点にあります。記述的アプローチでは，地球温暖化対策の評価において割引を行う際，投資の収益率に基づいて割引率が設定されるべきであると考えるのです（Nordhaus, 2013）。

　もう1つの割引率設定の考え方は，地球温暖化によって将来世代が被る損失を割り引くことはそもそも倫理的に問題がある，という見解に基づくものです。これは規範的アプローチあるいは倫理的アプローチと呼ばれます。このような立場から，ニコラス・スターンが取りまとめた地球温暖化対策に関する研究報告書であるスターン・レビューでは，割引率を低く設定すべきであることが主張されています。しかし，記述的アプローチの立場からみると，非常に低い割引率を用いて地球温暖化対策を評価することは，温暖化を防止するためとはいえ収益性の悪い投資が正当化されることになり，これは経済学的にみて合理的ではない（効率的に資源が配分されていない）と判断されます。実際，スターン・レビューはこのような批判を受け，その主張の是非をめぐって経済学者の間で論争となりました（Mendelsohn, 2008；

Dietz and Stern, 2008)。割引率をめぐる研究は，こうした論争を背景としながら進展していくことになったのです。

　最近では，割引に関する理論研究の発展に伴い，割引率設定のあり方に関する理論的基礎が明確になりつつあります（阪本，2012）。例えば，将来の不確実性を考慮すると，地球温暖化対策のような長期にわたるプロジェクトを評価する場合には低い割引率を適用すべきである，ということが指摘されています。また，環境財を生産財によって代替することが困難であるならば，将来的に環境財の希少性が高まっていく場合には割引率は低く設定されなければならない，という理論的帰結も得られています。このように，割引率の設定に関しては，世代間衡平への配慮という倫理観にかかわる議論を超えて，精緻な経済理論に基づいた検討がなされるようになっているのです。

参考文献

Dietz, S., and N. Stern (2008) "Why economic analysis supports strong actionon climate change : A response to *the Stern Review*'s critics," *Review of Environmental Economics and Policy*, Vol. 2 (1), pp. 94-113.

Mendelsohn, R. (2008) "Is the *Stern Review* an economic analysis?" *Review of Environmental Economics and Policy*, Vol. 2 (1), pp. 45-60.

Nordhaus, W. D. (2013) *The Climate Casino : Risk, Uncertainty, and Economics for a Warming World*, Yale University Press. (藤﨑香里訳『気候カジノ——経済学から見た地球温暖化問題の最適解』日経 BP 社，2015 年)

阪本浩章 (2012)「地球温暖化問題と社会的割引の理論」『環境経済・政策研究』第 5 巻第 1 号，46-76 ページ。

第4章

環境評価手法

クロアチアの世界文化遺産，ドゥブロヴニクの風景（著者撮影）。ユーゴスラビア内戦で破壊された際には危機遺産リストに載せられたが，今は再建され美しい景観を取り戻している。

1 環境悪化による損害をどのように測るか

環境への悪影響が懸念されるプロジェクトの実施を費用便益分析によって判断しようとするならば，そのプロジェクトが引き起こす環境悪化による経済的損失を貨幣額で評価する必要があります。どのような方法を用いればそうした評価を行うことができるでしょうか。

大気汚染によって呼吸器系疾患などの病気に罹った被害者は，それを治療するための費用を負担しなければなりません。具体的には，診察や薬剤に要する代金を支払うことになります。しかし，大気汚染に伴って発生するのはこうした直接的な費用だけではありません。ある勤労者が健康被害を受けた場合，その人は健康であれば働いて経済に貢献していたはずですが，病気によって働けなくなったならばそうした経済への貢献分（すなわち所得）は失われます。つまり，大気汚染による健康被害はこのような逸失利益，すなわち機会費用も発生させることになるのです。大気汚染による健康被害がどれだけの経済的損失をもたらしているかは，以上のような直接的費用と間接的費用を推計することで評価できるでしょう。

大気や水質，土壌が汚染されると，農業生産への悪影響が懸念されます。具体的には，農作物の生育状況が悪化するために生産性が低下してしまうことが考えられますし，農業経営者は悪化した水や土壌を浄化するための費用を負担しなければならないかもしれません。これらはいずれも生産費用を押し上げる要因になります。このような場合の経済的損失は，農業経営者にとっての生産者余剰の減少分を推計することで評価できるでしょう。

健康被害を引き起こす大気汚染物質である硫黄酸化物や窒素酸化物は，酸性雨の原因物質でもあります。酸性雨は，例えば歴史的価値のある建造物に被害を及ぼす可能性があります。このような被害については，修復や維持のために追加的に必要となった費用によって，その経済的損失を評価すること

ができるでしょう。

　以上の経済的損失の評価方法をみると，1つの特徴があることがわかります。それは，市場で取引され価格がついているものによって計測している，ということです。医療であれ，労働サービスであれ，農産物であれ，建造物修復サービスであれ，いずれも価格が設定されており，それらに基づいて経済的損失を評価しています。しかし，環境には多くの場合，市場が存在しないため，価格がついていません。上で述べたような方法によって環境悪化の被害を計測すると，市場で取引されない自然環境や生態系などで被害が発生していたとしても，それは経済的損失として計上されないということになります。

　では，どのような方法であれば，価格のつかない環境の価値を測ることができるのでしょうか。この章では，環境が持つ経済的価値について確認したうえで，市場で取引されない環境の価値を計測するための手法，すなわち環境評価手法について解説します。

2　環境の価値とは

　環境の価値というとき，それは具体的にどのようなものを意味するのでしょうか。ここで，環境の持つ経済的価値について整理しておきましょう。

　人間は，食糧や化石燃料，鉱物など，多くの資源を環境から採取して経済活動の中で利用しています。私たちはそうした資源に価値があると考えていますが，それはこれらを生産や消費で直接利用することにより私たちが便益を得ているからです。このような環境の利用に伴う価値を直接的利用価値と呼びます。また，環境の利用の仕方はこうした直接的なかたちだけとは限りません。森林や海浜など，自然豊かな場所に足を運んでレクリエーションを楽しむという経験は誰もが持っているでしょう。これは，何かを製造するために森の木を伐採したり海岸で砂利を採取するといった直接的な利用の仕方

とは異なる，間接的な環境利用として捉えることができます。もちろん，私たちがこのような環境の利用の仕方をするのは，そうすることで便益（満足感）を得ることができ，したがって価値があると考えているからです。こうした利用に伴う価値を間接的利用価値と呼びます。

　自然環境に恵まれ観光地としても有名な地域であれば，一度は行ってみたいと多くの人が思うでしょう。しかし，そこにある自然や景観が開発によって破壊されてしまえば，レクリエーション目的で将来その地域に行くことができたとしても，楽しむことはできません。そうしたことにならないよう，将来利用して便益を得るという機会を残しておいてもらうことに価値があると考える人も少なくないでしょう。このような将来の利用可能性を確保することに伴う価値をオプション価値と呼びます。

　以上の直接的・間接的利用価値やオプション価値は，大きな分類でみればいずれも利用価値に属するものになります。これに対して，美しい自然環境が存在するという事実それ自体から満足感を得る人もいるかもしれません。このようなことに由来する価値を存在価値と呼びます。また，今ある美しい自然環境を将来世代のために残しておくことで満足感を得る人もいるでしょう。こうしたことに基づく価値は遺贈価値と呼ばれます。存在価値と遺贈価値は，得られる便益の根拠が利用することにはないので，非利用価値に分類されます。

　こうした環境の経済的価値を計測するための手法には，大きく分けて２つのアプローチが存在します。１つは顕示選好アプローチ，もう１つは表明選好アプローチです。私たちは日常的な行動の中で環境に対する選好を（場合によっては無意識のうちに）示していると考えられます。行動を通じて示された選好は，市場を経由して価格などの経済データに反映されることになります。そのデータを基にして環境の価値を抽出しようとするのが，顕示選好アプローチです。一方，表明選好アプローチとは，環境に対する選好を直接尋ねて聞き出そうとする方法です。以下では，顕示選好アプローチに分類され

るヘドニック価格法とトラベルコスト法，および表明選好アプローチの代表的な手法である仮想市場法を取り上げ，それらの特徴について解説します[1]。

3　ヘドニック価格法

　住宅を購入しようとする人は，新築か中古か，部屋の数や間取り，庭の様子や耐震性など，その住宅自体の造りを慎重に吟味するでしょう。しかし，それだけをみて購入を決める人はいないはずです。住宅購入の意思決定の際には，通勤・通学の利便性やショッピング施設までの距離といった立地条件や地域の治安状況，周辺の環境なども考慮したうえで判断するでしょう。住宅はいわばこうした属性の束であり，消費者は住宅を選択する際，各属性に対して評価を行っていると考えることができます。多くの属性において優れている住宅であれば，消費者は高い価格を支払ってもよいと思うでしょう。こうした属性に対する消費者の評価は，住宅市場で形成される住宅価格に反映されることになります。ヘドニック価格法は，住宅が持つ属性の1つである環境の良し悪し（環境質）に対する消費者の評価に関して，住宅価格を用いて定量的に明らかにしようとする手法です。

　例を用いて説明しましょう。いま，2つの住宅があり，一方の住宅の周辺には豊かな緑地があるのに対して，もう一方の住宅の周辺には緑地がまったくない，という状況を考えます。これらの住宅は，周辺の緑地の有無を除いたすべての属性に関して同一であるとします。この場合，緑地という環境質の面でより恵まれた住宅の方が，価格は高くなっていると考えられます。そして，2つの住宅の価格差は，緑地に対する消費者の評価額に対応するものとみなすことができます。

　もちろん，この例のように住宅価格の単純な比較から環境質に対する評価額が判明する状況は存在しないでしょう。実際の分析では，住宅価格と住宅の属性に関するデータを収集したうえで計量的手法を用いる必要がありま

す。具体的には，以下のようなモデルを重回帰分析で推定するという作業が行われます。

$$住宅価格 = \beta_0 + \beta_1 （属性1） + \beta_2 （属性2） + \beta_3 （属性3）$$
$$+ \cdots + \beta_n （属性n） + 誤差項$$

このモデルの説明変数のうち，属性1が環境質にかかわるものであるとすると，環境質が住宅価格に与える影響は係数β_1の値によって示されることになります。

　例えば，属性1を大気汚染物質濃度として分析を行った場合，係数β_1は負の値になると予想されます。分析で得られた係数β_1の値は，大気汚染物質濃度が1単位上昇することで住宅価格が何円低下するかを表しています。なお，従属変数と説明変数のデータを対数変換して重回帰分析を行うと，係数は弾力性を意味することになります。したがって，このときに得られる係数β_1の値は，大気汚染物質濃度が1%上昇することで住宅価格が何%低下するかを表します。このように，ヘドニック価格法とは，環境変化が住宅価格に与える影響を通じて，環境悪化あるいは環境改善の貨幣評価額を計測するという手法なのです。

4　トラベルコスト法

　多くの人は，風光明媚な自然公園や名所旧跡を旅行した経験があるでしょう。人はなぜ，わざわざ（場所によっては高額な）交通費を支払って旅行に行くのでしょうか。それは，旅行先で観光やレクリエーションなどを楽しむことによって，旅行に要した費用を上回る満足感（便益）が得られるからだと考えられます。つまり，ある人が旅費を負担して旅行に出かけたということは，その人にとって少なくともその旅費に見合うだけの価値が旅先に存在する自然環境や史跡などにはある，ということを示しているのです。トラベル

コスト法は，その名の通り旅行費用を用いることで，旅行先にある自然環境などに対する人々の評価額を明らかにしようとする方法です。

いま，自然豊かな公園があり，そこには毎年観光客が訪れているとします。その公園の周辺には3つの居住地域（地域A，地域B，地域C）があり，観光客はこれらの地域から訪れます。また，3つの居住地域から公園までの距離はそれぞれ異なっており，地域Aが最も近く，地域Cが最も離れた場所にあるとします。いま，3つの居住地域に関して，公園への訪問率（ある居住地域からの訪問者の数をその地域の人口で割ったもの）を調べたところ，地域Aが60%，地域Bが30%，地域Cが0%であったとします。さらに，公園までの旅行費用を調べると，公園に一番近い地域Aではほとんどかからず（0円），地域Bからの旅行費用は6,000円，地域Cからの旅行費用は12,000円であったとします。横軸を訪問率，縦軸を旅行費用とするグラフ上にこれらの情報を座標としてプロットし，3つの点を線で結んでみると，図4－1

図4－1　トラベルコスト法

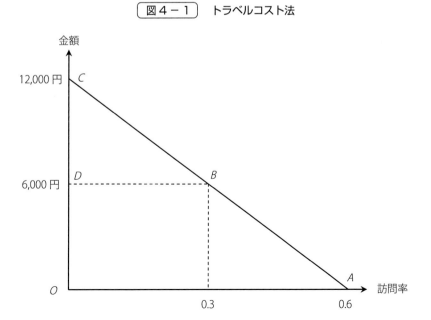

のような右下がりの直線を描くことができます。訪問率は，いわば公園に対する需要量を表しているとみてよいでしょうから，このグラフは公園に対する需要曲線として考えることができます。このグラフにおいて，領域 BDC は地域 B からの訪問者の消費者余剰，領域 AOC は地域 A からの訪問者の消費者余剰をそれぞれ示しています。旅行先としての公園の価値は，これらの消費者余剰を用いて評価することができます。具体的には，領域 AOC の面積に地域 A からの訪問者数を乗じた値と，領域 BDC の面積に地域 B からの訪問者数を乗じた値を合計することで，この公園の価値が計測されます。このように，トラベルコスト法を適用すると，旅行先の自然環境に対する需要曲線が導出され，そこから得られる消費者余剰によってその自然環境の価値を評価することができるのです。

5　仮想市場法

　顕示選好アプローチであるヘドニック価格法やトラベルコスト法については，環境の持つ価値のうち計測できるものが限定される，という点が指摘できます。ヘドニック価格法の場合，住宅地域の景観や大気汚染の状況など，住宅価格に反映されやすい環境影響の価値しか評価できません。また，トラベルコスト法によって評価されるのは，旅行先の自然環境などが持つ価値のうち，レクリエーションで楽しむことにかかわるものに限られます。つまり，これらの手法が評価できるのは，環境の間接的利用価値のみである，ということになります。

　これら2つの手法では計測できない非利用価値を測ることができるのが，仮想市場法です[2]。これは，仮想的な状況を設定した質問をアンケート調査で提示することにより回答者から環境に対する選好を聞き出し，そのデータを基に環境の価値を評価するという手法です。これを用いることで，市場データから計測するのが困難な環境資源の価値についても評価することが可

能になるので，仮想市場法は適用範囲が非常に広い手法であるといえます。
ところで，アンケート調査を通じて聞き出される消費者の選好とは，いった
い何を意味するのでしょうか。以下では，仮想市場法の特徴に関する理解を
深めるために，その理論的基礎について説明しましょう。

● 仮想市場法の理論的基礎

いま，ある地域の景観を改善することを目的とした仮想的なプロジェクト
があるとします。このプロジェクトを実施することによって，その地域を訪
れる人の満足感は高まると期待されます。このような状況に関して，図4-
2を用いて考察しましょう。この図の縦軸は貨幣量，横軸は景観レベルを表
しています。図中に描かれている曲線はある人の貨幣と景観に対する選好を
表現したもので，無差別曲線と呼ばれます。1本の無差別曲線は，この人が
同じ満足感を得ることができる貨幣量と景観レベルの組み合わせを表してい
ます。また，原点 O からより離れた座標で示される貨幣量と景観レベルの

図4-2　仮想市場法：景観改善の場合

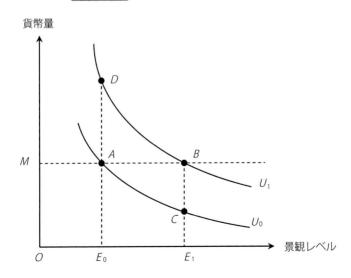

組み合わせ（つまり貨幣がより多く景観もより良い状態）がこの人にとって好ましいはずです。したがって，無差別曲線は図の右上の方向にいくほど高い満足感が得られる状態にあることを意味します。

　さて，いま景観レベルがE_0にあるとし，この人が現在持っている貨幣の量をMとします。そうすると，この人は点Aで示される境遇にあるということになり，したがってその点を通る無差別曲線U_0に対応する満足感を得ていることになります。ここで，仮想的なプロジェクトが実施されることでE_1まで景観が改善するとしましょう。するとこの人の境遇は点Bに変化し，U_1に対応する満足感を得ることになります。U_0からU_1への満足感の変化分を貨幣で換算するためには，グラフの縦軸方向の変化をみてやればよいということになります。この場合，図中の区間BCで示される貨幣量が満足感の変化分に対応しますが，それは景観を改善するプロジェクトの実施に対する支払意思額として捉えることができます。

　実は，景観改善に対する評価の測り方がもう１つあります。それは，景観を改善する仮想的なプロジェクトを中止した場合の状況を想定する，というものです。プロジェクトが中止になるとすると，改善されるはずの景観はE_0のままであり，この人の境遇も変化はありません。しかし，プロジェクトが実施されればU_1に対応する満足感を得たはずなのにそれが得られないことになるわけですから，何らかの埋め合わせが必要になるでしょう。貨幣を渡すことでその埋め合わせをすると考えた場合，最低限必要となる補償は，点Aの境遇からU_1に対応する満足感が得られる境遇に変化させることができるような金額でなければなりません。それは図４－２の区間ADで示される貨幣量に相当します。この貨幣量は，景観を改善するプロジェクトを中止する際の受入補償額と捉えることができます。

　次に，ある開発プロジェクトが実施されることで景観が悪化するという仮想的な状況を考えましょう。図４－３には，景観が悪化する前と後の無差別曲線が描かれています。開発プロジェクトが実施される前の景観レベルを

図4-3 仮想市場法：景観悪化の場合

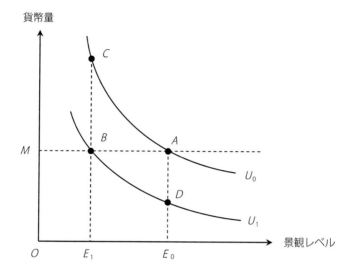

E_0とし，この人が現在持っている貨幣の量をMとすると，この人は点Aで示される境遇にあります。開発プロジェクトが実施されることで景観がE_1に悪化すると，この人は点Bで示される境遇に移行し，U_0からU_1に変化することで満足感が低下します。この人にとっては，開発プロジェクトがなければU_0のままでいられたはずですから，それを実施するのであれば満足感の変化分を埋め合わせる必要があります。その埋め合わせを貨幣で行うならば，図中の区間BCで示される貨幣量が最低限必要になるでしょう。これは，景観を悪化させるプロジェクトを実施する際の受入補償額を表しています。

　景観悪化に対する評価についても，もう１つの測り方があります。開発プロジェクトが中止になるとしたら，この人の境遇は点Aのままになります。もし開発プロジェクトが実施されていたらU_0からU_1に変化して満足感が低下したはずですが，中止になればそれを回避できます。したがって，中止になることでこの人が得る満足感の変化分を貨幣で換算すると，その量は図

4 − 3の区間 *AD* で示されます。これは，景観を悪化させるプロジェクトの中止に対する支払意思額ということになります。

● 仮想市場法の質問

　仮想市場法を用いて環境の価値を評価する際には，アンケート調査を行う必要があります。環境に変化をもたらす仮想的なプロジェクトを設定して支払意思額や受入補償額を聞き出すためには，アンケートでどのような質問をすればよいでしょうか。上の例で考えると，景観改善を目的とするプロジェクトの実施に対する支払意思額（図4 − 2の区間 *BC*）を聞き出すためには，「景観を改善するためのプロジェクトが実施されるとしたら，あなたはそれに対して最大でいくら支払う意思がありますか」という質問を用意することになります。また，景観を悪化させるプロジェクトを実施する際の受入補償額（図4 − 3の区間 *BC*）を聞き出すのであれば，「景観を悪化させるプロジェクトが実施されるとしたら，あなたは最低でいくら補償をもらえばそれを受け入れますか」という質問をすればよいということになります[3]。

　このような質問をされた場合に回答者は自分の選好を正しく表明してくれるのだろうか，という疑問を抱く人は少なくないでしょう。そもそも評価対象のプロジェクトは仮想的なものですし，人は仮の質問に対しては真剣に答えようとしないかもしれません。そうだとすると，アンケート調査で得られたデータに基づいて環境の価値を評価したとしても，その評価は信頼できるのか，ということが問題になります。仮想市場法を用いて信頼性のある評価結果を得るためには，回答者に真の選好を表明してもらえるように配慮して調査を設計・実施しなければなりません。

　実際に仮想市場法を用いて調査を行う場合，具体的にどのような質問がなされるのでしょうか。例として，著者が2001年に実施した調査で用いた質問票の中の，仮想市場法にかかわる部分を図4 − 4に掲載しています[4]。この調査では，河川の水質改善のために住民税を増税する条例案を想定し，一

図4-4　仮想市場法の質問例

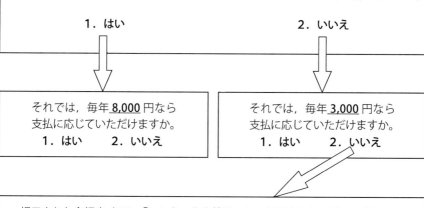

　次の内容はあくまでも「仮定の話」であることに注意してください。
　伝右川の水質を改善するために，今後5年間に限り住民税を引き上げて水質改善事業に充てるという「伝右川浄化条例案」があると仮定します。この条例案が可決されると，生活排水対策などの事業が実施され，伝右川の水質は改善され，ナマズやメダカ，シマドジョウなどが棲めるようになります。
　このような前提のもとでお答えください。
　矢印にしたがって，「**はい**」「**いいえ**」のどちらかに○をつけてください。

　今後5年間に限って住民税を引き上げるとします。
　あなたの世帯で毎年 **5,000** 円の税額の支払に応じていただけますか。
　あなたの家計にこの税金の額だけの負担がかかることを念頭においてお答えください。

　　　　　1．はい　　　　　　　　　　2．いいえ

　それでは，毎年 **8,000** 円なら
　支払に応じていただけますか。
　　1．はい　　2．いいえ

　それでは，毎年 **3,000** 円なら
　支払に応じていただけますか。
　　1．はい　　2．いいえ

　提示された金額すべてに「いいえ」とお答えになった理由にあてはまる項目1つに○をつけてください。
　1．もっと税額が安ければ支払に応じる。
　2．生活に余裕がないので増税には反対である。
　3．伝右川の水質改善を行う必要はあるが，増税ではなく，企業や団体の寄付によって資金をまかなうべきだ。
　4．伝右川の水質改善を行う必要はあるが，増税ではなく，行政が財政改革や国の交付金などによって資金を用意して行うべきだ。
　5．伝右川の水質改善を行う必要はあるが，行政が行うのではなく，市民のボランティア活動によって行うべきだ。
　6．その他（理由：
　　　　　　　　　　　　　　　　　　　　　　　　　　　　　　　）

定の増税額の支払いに対する諾否を尋ねるという住民投票方式を採用しています。また，増税額として最初にある金額を提示して諾否を尋ね，その後に異なる金額を提示して再度諾否を尋ねるという二段階二肢選択式を用いています。このような質問の仕方は，金額をみてからモノを購入するかどうかを決めるという消費者の普段の購買行動に近いために，回答者にとって答えやすいという利点があります。図中に記載されている金額は1つの例で，実際には最初の提示金額と2回目の提示金額について異なる数字を組み合わせて複数のパターンを用意しました。

　二段階二肢選択式の場合，ある提示金額が受諾されたかどうかという情報が回答から得られます。それを用いて統計的な分析を行い，支払意思額の平均値や中央値を算出します。2回の金額提示ともに「いいえ」と答えた場合にはその理由を尋ね，想定している状況（増税による資金調達方法など）そのものに回答者が抵抗を示しているのか否かを確認します。抵抗を示していると確認された回答（図4-4でいえば，選択肢3，4，5のいずれかを選んだ場合）は支払意思額の計測から除外します。

　なお，条例案にある事業が実施された場合にどの程度水質が改善するかについては，BODという水質指標の数値で表現するのではなく，評価対象の河川が存在する地域にかつて生息していた魚類が再び生息可能となるような水質レベルが達成されるという趣旨の説明をすることで，回答者にとってわかりやすいように配慮しています。

● 仮想市場法をめぐって

　仮想市場法を用いた調査を通じて信頼性のある評価結果を得るためには，多くの事項に配慮する必要があります。どのような事項に配慮すべきかについては，米国商務省の1機関である海洋大気局（NOAA）が設置した専門家委員会（NOAAパネル）により提示された，仮想市場法の信頼性を確保するためのガイドラインがあります。この中には，事前に小規模なアンケート調

査（プレテスト）を実施すること，対面調査が望ましいこと，支払意思額で評価すること，住民投票方式で質問することなど，多くの項目が挙げられています。ただし，このガイドラインに忠実にしたがって仮想市場法の調査を行おうとすると，大きな労力と費用を要することになると考えられます。

　NOAA パネルのガイドラインでは，環境の価値を支払意思額で評価することとされていますが，これは受入補償額を用いると価値が大きめに評価される傾向があるためです。支払意思額と受入補償額との間に乖離があることは，貨幣量と環境が完全代替の関係にないなどの要因を考えると，理論的に説明することができます[5]。加えて，実際の計測でも受入補償額を用いた場合の方が評価額はかなり大きくなるという結果が得られています。

　支払意思額で評価するということは，人々はそもそも良好な環境を享受する権利（すなわち環境権）を持っておらず，よりよい環境を手に入れたければお金を支払う必要がある，という前提で評価を行うことを意味するといえるでしょう。一方，受入補償額で評価するということは，人々は良好な環境を享受する権利をもともと持っており，良好な環境を手放さざるを得ない場合には補償を要求することができる，ということを前提にしているといえます。エコロジー経済学の立場からは，上記の前提を含んだ支払意思額を用いて控えめな評価額を算定しようとする考え方や，そもそも支払意思額と受入補償額との間で評価結果に差異が生じるような主流派経済学に基づく環境評価の方法論に対して批判もあります（ノーガード，2002）[6]。

　また仮想市場法は，仮想的な状況を設定した質問によって，果たして真の支払意思額や受入補償額を聞き出すことができるのか，という根本的な問題を抱えています。このような問題を克服するための研究の蓄積が，仮想市場法の精度と信頼性の向上にとって重要だといえます。

　仮想市場法を用いると，どんな対象でも価値を評価することができるように思えるかもしれません。しかし，だからといってこの手法は万能だというわけではなく，上で述べたように問題点や批判があることも事実です。仮想

市場法を適用する際には，そうした限界や問題点を十分に認識することが不可欠でしょう。

【注】

1）環境評価手法の全体像についてより詳細に知りたい読者にとっては，例えば栗山他（2013）がわかりやすいでしょう。

2）この呼称は Contingent Valuation Method の日本語訳ですが，仮想評価法と訳されたり，英語表記の頭文字をとって CVM と呼ばれたりもします。

3）読者は，図4−2の区間 AD や図4−3の区間 AD の貨幣量を聞き出すためにはどのような質問をすればよいかを考えてみてください。

4）実際の調査では，図4−4のような質問をする前に，評価対象となる地域や環境についての概況説明を回答者に対して行う必要があります。

5）貨幣量と環境が完全代替の関係にある状況は，図4−2あるいは図4−3にある2本の無差別曲線が平行な直線で描かれる場合に相当します。

6）日本に関していえば，裁判所は私法上の具体的権利としての環境権を認めていません。いささかシニカルな見方をすれば，このような法的状況を前提とするならば支払意思額で評価せざるを得ない，といえるのかもしれません。

⋯第4章の演習課題 ⋯⋯⋯⋯⋯⋯⋯⋯⋯⋯⋯⋯⋯⋯⋯⋯⋯⋯⋯⋯⋯⋯⋯⋯⋯⋯⋯

森林や湿原，干潟，里山などにはさまざまな機能があり，私たちはその恩恵を受けています。これらの環境資源が持つ機能は具体的にどのようなもので，いかなるサービスを私たちに提供しているかを調べてみましょう。また，そうしたサービスの価値を評価するためにはどのような方法を用いればよいかということについて議論してみましょう。

仮想市場法による環境価値計測は信頼できるのか

　仮想市場法は，環境の変化に対する人々の支払意思額や受入補償額をアンケートによって直接聞き出すという方法です。例えば，環境改善のためのプロジェクトが計画されているという仮想的な状況を回答者に提示して，そのプロジェクトの実施に対する支払意思額を答えてもらう，といった調査が実施されることになります。このように評価対象のプロジェクトが仮想的なものであると，回答者は真剣に答えようとしないため，心の中にある真の支払意思額を表明してくれない可能性があります。その場合，表明された支払意思額と心の中にある真の支払意思額との間に乖離が生じることになります。これは仮説バイアス（hypothetical bias）と呼ばれます。一般に，仮想市場法の調査において回答者が表明する支払意思額は真の支払意思額よりも過大になる傾向があるといわれています。

　仮想市場法については，評価対象となる環境資源の規模の拡大に伴って支払意思額も本来大きくなるはずであるにもかかわらず，表明される支払意思額に変化がみられないという問題（これはスコープ無反応性と呼ばれます）も指摘されてきました。スコープ無反応性や上記の仮説バイアスの存在は，仮想市場法による環境価値計測の信頼性を損なうことにつながります。しかし，こうした問題についてはこれまでに多くの調査・分析がなされており，それを通して対応策も提示されていることから，仮想市場法の信頼性をめぐる論争はすでに解決されているという主張があります（Carson, 2012）。一方で，仮想市場法をめぐるこれらの問題は依然として解決されていないという見解もあります。こうした立場からは，仮想市場法は信頼するに足る手法ではないのであるから，そのような手法で得られた環境価値に関する数字は，公共的意思決定にとってはむしろない方がましである，という厳しい批判が

示されています（Hausman, 2012）。

　仮説バイアスを解消するには，アンケート調査を行う際に何らかの対処を施す必要があると考えられます。例えば，仮想市場法による調査・分析の結果が，実際の公共政策に反映され，何らかの費用負担を求められる可能性があるのであれば，回答者は真剣に答えようとするでしょう。分析結果が回答者自身に影響を及ぼしうるという結果性を盛り込んだ調査の設計方法（consequentiality design）は，仮説バイアス解消のための有効な方策の1つとされています。また，表明される支払意思額が真の支払意思額よりも過大になる傾向があることについて回答者に対して事前に警告するという方策（cheap talk）もあります。加えて，回答者に支払意思額を尋ねた後，実際に答えた金額の支払いを求められた場合にどの程度確実に支払うかについて質問するという方策（uncertainty recoding）が提案されています。この方策では，その質問から支払いの確実性が一定の水準よりも低いと判明した回答者については，支払う意思がないものとして処理するという事後的な調整が施されることになります（Loomis, 2014）。

　仮説バイアスについてはこれまでに多くの研究がなされており，それを解消するためにさまざまな方策が考案されてきました。そうした研究では，実験経済学に基づく最新の分析手法も応用されており，今後のさらなる知見の蓄積が期待されます。

参考文献

　　Carson, R. T. (2012) "Contingent valuation : A practical alternative when prices aren't available," *Journal of Economic Perspectives*, Vol. 26 (4), pp. 27-42.

　　Hausman, J. (2012) "Contingent valuation : From dubious to hopeless," *Journal of Economic Perspectives*, Vol. 26 (4), pp. 43-56.

　　Loomis, J. B. (2014) "Strategies for overcoming hypothetical bias in stated preference surveys," *Journal of Agricultural and Resource Economics*, Vol. 39 (1), pp. 34-46.

第5章

環境管理のためのアプローチ

河口湖大橋から望む富士山（著者撮影）。2013 年の世界文化遺産登録を受け，登山者から入山料を徴収して環境保全や安全対策の費用に充てることになった。

1 環境の適切な管理とは

　経済理論に基づいて環境問題を考察する際には，外部不経済という概念が用いられることを第2章で解説しました。外部不経済が発生しているにもかかわらず何ら対策がとられないままだとすると，経済厚生の損失がもたらされることになります。こうした経済の非効率性をもたらす環境問題に対処するためには，環境を適切に管理するための仕組みが必要となります。ここでいう環境の適切な管理とは，経済学的には外部不経済を内部化することであるといえます。外部不経済の内部化とは，それぞれの経済主体が外部費用を考慮したうえで意思決定を行うことにより効率的な状態が実現されることを意味しています。したがって，環境管理のための仕組みを考察する際には，外部不経済の内部化が実現されるように経済主体に対して適切なインセンティブを与えるためにはどのようにすればよいのか，という論点が重要になります。

　ところで，環境問題とひとくちにいっても，地球温暖化のように，原因物質を排出する主体やそれによって被害を受ける主体が地球規模で広く存在している場合もあれば，騒音や悪臭などの問題のように加害者と被害者が限定された地理的範囲に存在している場合もあるなど，被害や加害に関する状況は実に多様です。外部不経済の内部化を実現するためには，政府による政策的な対応が常に行われるべきだと考えてしまいがちですが，環境問題の性質や状況によっては，政府がいちいち介入しなくても解決する（すなわち外部不経済の内部化を実現する）ことが可能であるかもしれません。政府による介入を通じて環境問題の解決を図ろうとする方法は，中央集権的アプローチと呼ぶことができます。その対極には，環境問題の当事者が交渉を行うことで解決を図るという分権的アプローチがあると考えることができるでしょう。また，環境問題の被害者は，民事訴訟を起こして加害者に対して損害賠償や

差止を請求する場合があります。これは私法的アプローチとして捉えること
ができます[1]。このように，環境管理のための仕組みにはさまざまなアプ
ローチが存在しており，環境問題によってどのアプローチが有効であるかは
異なってくると考えられます。そこでこの章では，環境問題に対する分権的
アプローチ，私法的アプローチおよび中央集権的アプローチに関して解説し
ながら，それぞれのアプローチの有効性について検討します。

2　分権的アプローチ

● コースの定理

　いま，ある主体 A の活動によって，別の主体 B が被害を受けている状況
があるとしましょう。具体的には，例えば A が町工場である場合，操業中
に騒音が発生していて，近隣に住む B の平穏な生活環境が脅かされている
という状況として想定することもできますし，A が個人であれば，初心者
レベルで楽器を練習しているために，そのあまりの拙さと音に隣人の B が
迷惑を被っているという状況として考えることもできます。ここで，A と B
はお互いの事情をよく知っていて，話し合いをしようとする場合にはそれほ
ど手間がかからないものとします。そうであれば，A と B の間で騒音問題
をめぐって自発的に交渉が行われるだろうと期待しても，それほど不自然で
はないでしょう。そこで，当事者間のこうした自発的交渉がどのような帰結
をもたらすのかを理論的に考えてみましょう。

　A が騒音を出しながらも活動を行っているのは，それによって便益（利益
あるいは満足感）を得るからだと考えられます。ここでは，その便益につい
て，騒音レベルを 1 単位増加させることで追加的に得られる便益，すなわち
限界便益という概念を用いて，次のように想定します。限界便益は，騒音レ
ベルが 1 において 1,000，レベル 2 において 800，レベル 3 において 600，レ
ベル 4 において 400，レベル 5 において 200 となっており，最大の騒音レベ

ルは5であるとします。騒音レベルが5になる活動によってＡが得る便益
は，3,000（＝ 1,000 ＋ 800 ＋ 600 ＋ 400 ＋ 200）となります。なお，騒音を伴う
活動から得る限界便益は，騒音レベルを1単位減少させた場合に失われる利
益（つまり機会費用）という意味として捉えられるので，限界削減費用とい
う呼び方もできます。

　Ｂが騒音によって受ける被害については，騒音レベルが1単位増加するこ
とで追加的に発生する損害額，すなわち限界損害費用という概念を用いて，
次のような設定を考えます。限界損害費用は，騒音レベルが1において
100，レベル2において200，レベル3において350，レベル4において
550，レベル5において800であるとします。騒音レベルが5になる活動に
よって発生する損害額は，2,000（＝ 100 ＋ 200 ＋ 350 ＋ 550 ＋ 800）となります。

　図5－1のグラフは，以上の数値に基づいて限界削減費用曲線（＝限界便
益曲線）と限界損害費用曲線を描いたものです。ここで，騒音レベルはどこ
まで認められるべきかについて，効率性の観点から考えてみましょう。ま
ず，騒音レベルを1にすると，限界便益は1,000であるのに対して限界損害
費用は100なので，レベル1の騒音を伴う活動を行うことで正の（限界）純
便益が生じることになります。騒音レベルを1単位追加して2になった場
合，限界便益は800，限界損害費用は200なので，やはり追加的な騒音を伴
う活動は正の純便益をもたらします。さらに騒音レベルを1単位追加して3
になった場合も，限界便益と限界損害費用を比較すると前者が上回っていま
す。しかし，騒音レベルが4になると，逆に限界損害費用が限界便益を上回
るようになります。この場合は追加的な騒音を伴う活動によって負の純便益
が生じるので，効率性の観点からはその活動は行うべきではないということ
になります。以上より，最も効率的な騒音レベルは3であるという結論に至
ります。図5－1をみると，騒音レベルが3のときに限界削減費用曲線と限
界損害費用曲線が交差していることがわかります。この状況が，効率的な騒
音レベルを決定する際の条件を示しています。これを一般的にいうと，「限

図 5 - 1 　コースの定理

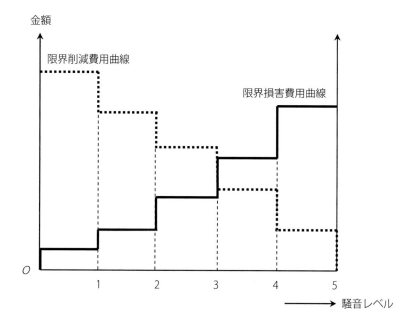

界削減費用（＝限界便益）と限界損害費用の均等化」が効率的な汚染水準の
決定条件である，ということになります。

　次に，当事者間の自発的交渉を通じてどのような結果が得られるのかを考
えてみましょう。交渉が行われるための前提として，被害者と加害者のどち
らに権利があるかが明確になっている必要があります。ここではまず，被害
者側に権利がある場合から考察しましょう。被害者側に権利があるとは，人
は良好な環境を享受する権利を持っているという意味であり，これは環境権
が認められている状況であるといえます。このような法的状況の下では，A
は損害を償うために B に対して補償金を支払ったうえで騒音を伴う活動を
行わなければなりません。ここでは，A は自己の利益の最大化を目的とし
て行動する合理的主体であると想定しています。そうすると，A は活動に
よって得られる便益と B に支払う補償金とを比較して，どこまで騒音を出

すのが合理的かを考えるでしょう。騒音レベルを1にすると，限界便益は1,000であるのに対して，支払わなくてはならない補償金の最低額（＝限界損害費用）は100です。したがって，レベル1の騒音を伴う活動を行うことで正の（限界）純便益が生じます。Aにとっては，限界便益が限界損害費用を上回る限り，追加的な騒音を伴う活動により正の純便益が得られます。したがって，図5－1からもわかるように，Aは騒音レベルが3になるまで活動を行うことが合理的だと判断するでしょう。つまり，当事者間の自発的交渉の結果，効率的な騒音レベルが実現するということになるのです。このとき，AがBに対して支払う補償金の額については，発生する損害額に等しい650（＝100＋200＋350）は最低でも支払う必要がありますが，最大でもAが支払えるのは活動によって得る便益に等しい2,400（＝1,000＋800＋600）まででしょう。具体的に補償金がこの範囲のどの額になるかは，AとBの交渉力によって決まると考えられます。

　続いて，加害者側に権利があるという法的状況を想定しましょう。この場合，Aには騒音レベルが5となる活動を行う権利があるということになるので，BがAに対して騒音を抑えてもらうように交渉しなければなりません。この状況の下では，Bは騒音の抑制によってAが失う利益を償うために補償金を支払う必要があります。ここでは，Bについても自己の利益の最大化を目的として行動する合理的主体であると想定しています。そうすると，Bは騒音の抑制により避けることができる損害の額（すなわち騒音抑制の便益）とAに支払う補償金とを比較して，どこまで騒音を抑えてもらうのが合理的かを考えるはずです。騒音レベルが5である状況から騒音を1単位抑えてもらうことで回避できる損害の額は800であり，そのために支払う必要がある補償金の最低額（＝限界削減費用）は200なので，Bは正の（限界）純便益が得られます。Bにとっては，回避できる限界損害費用が限界削減費用を上回る限り，補償金を支払って追加的に騒音を抑えてもらうことで正の純便益が生じます。したがって，図5－1からもわかるように，Bはレベル

が 3 になるまで騒音を抑制してもらうのが合理的だと判断するでしょう。このように，加害者側に権利がある場合でも，当事者間の自発的交渉を通じて効率的な騒音レベルが実現するという結果になります。この場合の補償金の額については，A の逸失利益に等しい 600（＝ 200 ＋ 400）が最低金額であり，騒音抑制の便益に等しい 1,350（＝ 800 ＋ 550）が最大金額となります。具体的な補償金がこの範囲のいずれの額になるかは，やはり A と B の交渉力に依存して決まることになるでしょう。

　以上の理論的帰結を一般化していうと，被害者・加害者のいずれに権利がある場合でも，当事者間の自発的交渉を通じて効率的な汚染水準が実現する，という結論になります。このような議論はロナルド・H・コースによって提示され，後にコースの定理と呼ばれるようになりました（Coase, 1988）。なお，この定理については，被害者・加害者どちらに権利があったとしても効率性の面では同一の結果になりますが，どちらが補償金を支払うかという分配面ではまったく正反対の結果になるということに注意する必要があるでしょう。

　コースの定理が成り立つためには，いくつかの条件が必要です。上で騒音問題をめぐる自発的交渉を考えた際，被害者と加害者は「お互いの事情をよく知っていて，話し合いをしようとする場合にはそれほど手間がかからない」ものとして議論を進めました。これは，①情報が完全である，②取引費用が無視できるほど小さい，という 2 つの条件を前提にしていることを意味します。②にある取引費用には，交渉を行って合意に至るのに要する費用や，合意内容を履行するための費用が含まれます。実際の多くの公害問題がそうであったように，被害者が多数にのぼるような場合には，取引費用は非常に大きくなると考えられるので，当事者間の自発的交渉が行われることは期待できないでしょう。そのような場合には，別のアプローチによって環境を管理することを検討しなければなりません[2]。

● 地方自治体の役割

　環境問題への対応においては，地方自治体も一定の役割を担っています。特に日本では，地方自治体が公害防止協定という手法を用いて住民の健康を守ろうと積極的に対処してきました。公害防止協定は，地方自治体が汚染者である企業との間で，企業側がとるべき公害対策などに関する契約を結ぶというものです。汚染によって多くの人が被害を受ける場合，汚染者と直接交渉を行うために多数の被害者を組織化することは，取引費用が大きいために困難であると考えられます。このような状況において，地方自治体は，被害者である住民のいわば代理人となって企業と公害防止協定を締結することにより，公害問題の解決に向けた調整機能を果たしているのです。

　1964年に電源開発株式会社と横浜市との間で結ばれた公害防止協定は，よく知られている事例の1つです。当時は公害防止のための法整備が十分ではなかったのですが，この協定は具体的な公害対策を企業に実施させることに成功しました。この横浜市の事例を契機として，公害防止協定という手法が全国的に拡大していくことになりました。

　公害防止協定は，いわばある種の紳士協定であり，法律や条例とは異なり法的な強制力を持っていません。にもかかわらず，これは環境問題に対応する際の有効な方策の1つとして評価されています。その理由としては次のような点が挙げられます。まず，法律や条例による規制では画一的になりがちですが，協定であればそれぞれの地域の特性や状況に即したきめ細かな対策を実施することができるでしょう。公害防止協定では，地域の実情に応じて，汚染物質の排出に関して法令よりも厳しい基準が定められている場合があります。また，条例の制定は地方議会の議決を必要としますが，これには時間を要するため，早急な対策の実施は困難です。しかし，協定であれば議会の議決を経る必要がないので，汚染による被害に対してすばやく対応することが可能となると考えられます。さらに，協定の場合，運用が弾力的に行われるので，公害防止における技術進歩の成果を導入しやすいという利点も

あります。このような特長を持つ公害防止協定は，地方自治体が用いる環境管理のためのアプローチの１つとして定着した存在となっています。

3　私法的アプローチ[3)]

● 公害訴訟

　当事者間の自発的交渉を通じて環境問題を解決することが困難である場合，被害者側は訴訟を起こして裁判所に解決を委ねるという手段を用いることがあります。実際，日本では公害問題をめぐってこれまでに多くの訴訟が起こされてきました。

　公害訴訟の１つに，損害賠償請求があります。損害賠償請求は，過去に生じた被害に対する補償を求めて起こされる訴訟であり，その意味では公害問題への事後的な対応と捉えることができます。しかし，損害賠償訴訟の判例が多く積み重ねられるようになると，汚染による被害をもたらす可能性のある事業者などに対し，被害に対してどれだけの賠償が必要になるかということについて事前の予想を与えることにつながるでしょう。したがって，損害賠償訴訟も汚染者に対して事前の対策を採用するインセンティブを与えることができると考えられます。

　損害賠償請求は民法の規定を根拠としており，故意または過失により他者に損害を与えた場合に賠償責任が発生するとされます。ただし，立証責任は原則として原告（つまり被害者）に課されています。例えば，ある工場から排出された汚染物質によって健康被害を受けた場合，原告が立証しなければならない事項は，①現実に損害が発生していること（損害の発生），②その損害が，当該工場から排出された汚染物質によって生じたこと（因果関係），③汚染物質を排出するという行為が違法なものであること（違法性），④汚染物質の排出が当該工場の故意または過失によるものであること（故意・過失），の４つです。しかし，多くの公害訴訟では，原告側は証拠や情報をほ

とんど持っていないのに対して，被告である企業側や行政側にはほとんどの証拠や情報が集中しているという状況にありました。こうした状況は「証拠の構造的偏在」と呼ばれ，そのために原告側は証明困難という問題に直面することになったのです。

　公害被害者の救済にとってこのような問題をはらんだ民法の規定に対しては，公害被害は生命や健康の危険を伴うものであるから，無過失責任を認めるべきである，という見解があります。無過失責任制は，汚染者の故意または過失の立証がなくても損害賠償を認めるというルールです。このようなルールを導入した例として，1972 年に制定された「大気汚染防止法及び水質汚濁防止法の一部を改正する法律」が挙げられます。無過失損害賠償責任法とも呼ばれるこの法改正により，大気汚染や水質汚濁にかかわる損害賠償訴訟において原告は故意・過失の有無を立証する必要がなくなり，被害者側の立証責任はいくぶん軽減されることになりました。

　損害賠償訴訟では，違法性を判断する際，受忍限度を超える場合に賠償請求を認めるという基準が適用されているといわれています。例えば，騒音などのように生命にかかわる被害が及ぶことがないような公害問題の場合，原因となっている活動が社会にとってどの程度有用であるか（すなわちその活動の公共性），被害はどの程度なのか，被害者は公害が起こっていることを知りながら居住地を選択したのか（加害者と被害者の先住後住関係），などといった事情を裁判官が総合的に勘案して賠償請求を認めるかどうかを判断しているとされます。これに関して，特に社会的有用性と被害の程度との関係に着目すると，受忍限度に基づく判断では，汚染者の活動がもたらす社会的便益（＝社会的有用性）と損害とを比較考量して，後者が前者を上回る場合に賠償請求を認めることになると考えられます。

　損害賠償訴訟の判例の積み重ねが汚染者に対して事前の対策を採用するインセンティブを与えることにつながると先に述べましたが，受忍限度という判断基準で損害賠償訴訟の判決が下されているとすると，その判例が蓄積す

ることで汚染者に対してどのようなインセンティブが与えられることになるでしょうか。受忍限度という基準の下では，損害が社会的便益を上回らない限り賠償責任を負うことにはならないので，汚染者は自らの活動の社会的便益よりも損害が大きくならないように汚染水準をコントロールするでしょう。このときの汚染水準は，最も大きい場合で社会的便益と損害を等しくするようなレベルが選択されることになると考えられます。このような汚染水準の決まり方は，効率的な汚染水準を決定する際の条件である「限界削減費用（＝限界便益）と限界損害費用の均等化」とは異なります。したがって，損害賠償訴訟の判例の蓄積を通じて事前対策のインセンティブを与えられた汚染者が選択する汚染水準は，効率的な水準とは異なり，一般に過大になると予想されます。

　損害賠償請求とともに，公害訴訟では差止請求も多く起こされてきました[4]。差止は，汚染による健康被害などの損害発生を未然に防ぐことを目的としているので，損害賠償請求と違い，公害問題への事前的な対応として捉えることができます。差止請求では，工場などの発生源に対して操業の停止や短縮などを求めることになるため，事業活動が受ける打撃も少なくなく，社会に大きな便益をもたらす活動を実施・継続することができなくなる可能性があります。差止請求を認めるかどうかは違法性の有無の判断によるとされており，差止訴訟においても違法性の判断では受忍限度という基準が用いられています。大気汚染公害訴訟や空港公害訴訟，新幹線公害訴訟などで差止請求が提起されてきましたが，ほとんどの場合で請求が認められることはありませんでした。

　ここで，公害訴訟の事例として，空港の騒音をめぐって争われた大阪国際空港訴訟を取り上げ，その判決についてみてみることにしましょう。大阪国際空港をめぐっては，飛行機の離着陸時の騒音に悩まされていた空港周辺の住民が，国を相手どって損害賠償と夜間飛行の差止を求める訴訟を起こしました。1969年の提訴に始まる一連の訴訟は1970年代を通じて争われ，最終

的には最高裁判所の判決に委ねられることになりました。

　この空港騒音被害の損害賠償訴訟に関して 1981 年に最高裁判所が下した判決では，大阪国際空港の場合は，その便益に比べて被害者が多数にのぼることや，被害内容が広範・重大であること，一部のものが犠牲を被っていて便益との間で互いに補い合うような関係がないことなどを指摘して，公共性の主張には限界がある，という判断が示されました。一方，差止訴訟については，同じく 1981 年の最高裁判決において，請求そのものが民事訴訟として不適法であるということで却下されました。その理由については，空港を管理する権限を有する運輸省（当時）は航空行政権というもう 1 つの権限を持っており，それらの行使は一体的で分けることができず，空港管理権にかかわる差止請求は航空行政権の行使に対して取消・変更などを求める請求をも含むことになるため，民事訴訟として認めることができない，というものでした。

　このように，大阪国際空港の騒音公害をめぐる訴訟に関して最高裁は，損害賠償請求を認める判決を下した一方で，差止請求については門前払いにしたのです。なお，この最高裁大法廷判決を受けて和解交渉が進められ，損害賠償については原告の請求をほぼ受け入れるかたちで和解に至り，差止に関しては，運輸省が午後 9 時以降の飛行を停止することを地元自治体に対して約束しました。

● 環境訴訟と環境権

　環境汚染によって発生する損害には，人間の身体や生命に直接的に及ぶ被害だけでなく，個人の健康・生命や財産には関係がない被害，すなわち生態系破壊などの自然環境に対する被害も含まれます。前者については，公害訴訟を通じて損害賠償や差止を求めることができ，十分とはいえないまでも被害の救済がなされてきました。一方，後者については，個人的被害を超えた環境損害の回復や環境保全の実現を目的とする環境訴訟を提起するという手

段が考えられます。しかし，環境訴訟については，現行の法体系や権利概念
にはなじまない面もあるため，訴えが認められない可能性が高いという状況
にあります。特に，個人的には何ら被害を受けていない主体が訴訟を起こす
ことができるのか（すなわち，原告としての資格を有しているのか），という点
が問題になります。原告としての資格が問題となった事例として，1995 年
に鹿児島地方裁判所に提訴されたアマミノクロウサギ訴訟が挙げられます。
これは日本で初めて野生動物を原告として起こされた訴訟でしたが，鹿児島
地裁は，野生動物，およびその代弁者としての周辺住民や環境保護団体には
原告としての資格がないとして訴えを却下しました[5]。

　環境訴訟が直面するこうした状況を克服するためには，環境権を設定し，
これを根拠に具体的な請求を行えるようにするということが必要であるのか
もしれません。これまでのところ，裁判所はこのような私法上の具体的な権
利としての環境権を認めていません。しかし，環境損害の中には不可逆的な
損失や貨幣評価を行うことが困難な損失が含まれるという問題意識や，現在
世代の選択に対して発言することができない将来世代の権利をどのように保
護するかという世代間衡平への配慮という観点から，私権としての環境権を
設定することを支持する議論があります（常木・浜田，2003）。環境権がこう
したかたちで設定され，これを根拠にした差止請求が可能になるならば，深
刻な被害をもたらすことが予想される環境汚染や自然破壊を未然に防止する
ことができるようになると期待されます。ただし，環境権をめぐってはさま
ざまな議論があり，課題も指摘されています。特に，環境権を認める場合，
その主体は誰なのか，権利の対象となる環境の範囲はどこまでか，などと
いった部分が不明確であるという点が問題になるといわれています。

　こうしたことから，環境権が設定されなくても，それが実質的に保護され
るような仕組みを導入すればよいという考え方が提示されています。例え
ば，環境への悪影響が懸念されるような政策的意思決定が政府によって行わ
れる場合，それにかかわる情報の公開を義務づけるとともに，住民が意思決

定の手続きに参加することを保障するという仕組みが考えられるでしょう。あるいは，国や地方自治体は公共的な財産としての環境の管理について国民から信託を受けているという公共信託論に基づき，環境が破壊された場合には国や自治体の管理責任を問うことができるような法制度を導入することも考えられます[6]。その場合，原告としての資格が認められる主体の範囲を，地域住民のみならず環境保護団体などにも拡大しておくと，より有効であるかもしれません。いずれにせよ，こうしたさまざまな仕組みや法制度の導入がどのような効果を持ちうるのかを検討することが，環境管理のための私法的アプローチにかかわる議論にとって重要であると思われます。

4 中央集権的アプローチ

　環境問題において，当事者の数が限定されており，誰が加害者で誰が被害者であるかがはっきりしている場合には，分権的アプローチや私法的アプローチを採用することができるでしょう。しかし，汚染による被害が広範囲に及んでおり，加害者や被害者が非常に多数にのぼるような場合には，これらのアプローチを用いることは困難です。このケースでは，政府が何らかの政策措置を実施するという中央集権的アプローチを採用する必要があります。経済学の観点から中央集権的アプローチによる環境管理について考察する際，環境汚染をどの水準にコントロールすることが効率性の面で望ましいかが重要になります。

　いま，一定の地域内においてある汚染物質が多数の発生源から排出され，多くの地域住民や周辺の自然環境に対して損害を与えているという状況を考えましょう。図5−2には，この状況を表す2つの曲線が描かれています。図中の MD は，汚染水準（汚染物質の総排出量，あるいは環境中の汚染物質濃度）が1単位増えることにより，この地域全体でどれだけ損害が追加的に増加するかを表す限界損害費用曲線です。一方，MAC は，汚染水準を1単位

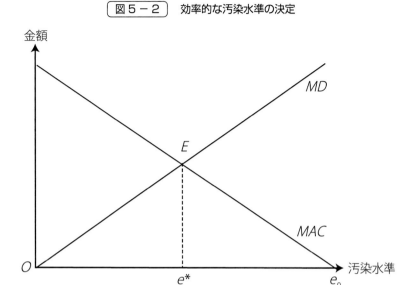

図５－２　効率的な汚染水準の決定

増加させることにより，発生源全体で追加的に回避できる削減費用がどれだ
けになるかを表す限界削減費用曲線です。なお，e_0 は発生源において汚染削
減がまったく行われない場合の汚染水準を示しています。

　この図は，想定している具体的な状況は異なりますが，コースの定理を説
明する際に用いた図５－１と似ていることに，読者はすでに気がついている
かもしれません。図５－２の場合の効率的な汚染水準についても，図５－１
と同様に，どの水準で限界損害費用と限界削減費用が均等化しているかを考
えればよいのです。図５－２では，e^* において限界損害費用と限界削減費
用が等しくなっているので，この汚染水準のときに最も効率的な状態が実現
するということになります。このときの損害費用と削減費用は，それぞれ領
域 OEe^* と領域 $e_0 Ee^*$ に相当します。したがって総費用は領域 OEe_0 で示さ
れ，これはあらゆる汚染水準の下で生じる総費用のうちで最小のものとなっ
ています。

　達成すべき汚染水準の目標を環境目標と呼ぶことにしましょう。政府が環境目標を e^* の水準に設定するためには，限界損害費用曲線と限界削減費用曲線の双方を正確に知っている必要があります。しかし，さまざまな汚染水準の下で発生する損害について貨幣評価を行うのは容易なことではないでしょう。また，汚染削減に要する費用について知るためには，発生源となっている企業などが持っている技術に関する情報が不可欠となりますが，そうした情報を政府がどこまで正確に把握できるかということについても疑問が持たれます。政府が限界損害費用曲線や限界削減費用曲線にかかわる情報を十分に得ることができないならば，効率的な汚染水準を環境目標に設定するのは困難であるといわざるを得ません。

　このように，効率性の観点から環境目標を設定することが難しいのであるならば，これに代わる環境目標の設定の仕方としてどのようなものがあるでしょうか。実際の環境政策では，汚染物質が健康に対して与える影響に関する疫学的調査や医学的知見などに基づいて，達成目標としての環境基準が設定される場合が多くあります。したがって，科学的知見を基礎として環境目標を設定するというのが現実的な方法である，ということができるでしょう。

　環境目標が設定されたならば，その目標をどのようにして達成するかが，次に検討すべき課題となります。環境目標を達成するためには，多数の加害者（汚染の発生源）に対して汚染物質の排出削減に取り組むインセンティブを与える必要があります。政府は，そのようなインセンティブを与えるための政策手段として何を用いるべきかを決定しなければなりません。実際の環境政策においては，発生源に対して許容される排出量水準を設定し，その遵守を要請するといった直接規制が主として採用されてきましたが，近年では環境税や排出権取引の導入が広がりつつあります。複数ある政策手段の中からいずれを選択すべきかを判断するためには，それぞれの政策手段にどのようなメリットやデメリットがあるのかを理解することが不可欠でしょう。このような環境政策手段の選択をめぐる議論については，第6章で詳しく解説

することにします。

【注】

1）中央集権的アプローチは，私法的アプローチとの対比で「公法的アプローチ」と呼ぶことも
　　できます。
2）コースの定理は，コース自身が主張したかった内容の核心部分ではありません。彼は，取引
　　費用が大きい場合には法体系や権利配分のあり方によって効率性が影響を受けるということ
　　について議論しています。こうした点にこそ，コースの学術的貢献があるとみるべきでしょ
　　う。
3）この節では，公害訴訟や環境訴訟にかかわる解説や実際の訴訟の判決についての記述が出て
　　きますが，それらについては特に断りがない限り淡路・寺西編（1997）や阿部・淡路編
　　（2004）を参照しています。
4）損害賠償とは異なり，差止の法的根拠に関しては民法の中で明確に規定されていません。
5）奄美自然の権利訴訟（アマミノクロウサギ訴訟）についての 2001 年 1 月 22 日の判決文を参
　　照。
6）公共信託論の考え方は，米国では判例を通して認められるようになっています。また，ミシ
　　ガン州環境保護法は，公共信託論によって環境権訴訟を根拠づけています（畠山，1992）。

・**第 5 章の演習課題** ・・・・・・・・・・・・・・・・・・・・・・・・・・・・・・・・・・・・・・・
　　日本においてこれまでに提起された公害訴訟や環境訴訟の経緯と判決につい
　て調べ，私法的アプローチを通じた環境管理の現状と問題点について議論して
　みましょう。また，それを踏まえて環境権の意義と課題についても考察してみ
　ましょう。

景観の保護をめぐって

　近年，日本では景観の保護にかかわる紛争が増えてきています。例えば，マンション建設が計画されたことに対して，これまで維持されてきた良好な景観が損なわれるとして地元住民が反対運動を展開するといった事態が発生することがしばしばあります。こうした景観の保護をめぐる問題は，訴訟にまで発展することも少なくありません。このような問題は，景観権をめぐる論争として位置づけられます。この景観権は環境権の1つとして考えることができます。日本の裁判所はこれまで環境権を私法上の具体的権利として認めてこなかったという経緯を考えると，景観の保護をめぐる裁判において景観権が認定されるのは難しいと推察されます。

　景観の保護をめぐる紛争としてよく知られているのが，東京都国立市で発生したマンション建設に伴う景観悪化の問題で，これにかかわる一連の裁判は国立マンション訴訟と呼ばれています。この訴訟では，2006年の最高裁判決において景観利益が法的保護に値するものと認められたことに大きな注目が集まりました。ただし，最高裁は同時に，景観利益の侵害が違法となる場合に関して厳しい要件も示しました。国立マンション訴訟についてはこの要件を満たしていないと判断され，最高裁判決では建設に反対する原告側の請求は棄却されました。

　このように民事上，法的に保護されるべき利益として景観利益が認められたことを受けて，景観利益の侵害を根拠とする行政訴訟が増えていくことになりました。そうした訴訟の中でも有名なのが，鞆の浦世界遺産訴訟です。広島県福山市にある鞆の浦は景勝地として知られる港町ですが，この地域の交通渋滞緩和を目的とする埋め立て架橋計画が持ち上がりました。この計画に対して，鞆の浦の景観が損なわれるとして反対運動が起こり，地元住民らが広島県を被告として埋め立て免許の差止を申し立てました。この訴訟では，2009年の広島地裁判決において，鞆の浦の景観は法的保護に値する利益を地域住民に与えるものであると同時に，歴史的・文

化的価値を有する国民の財産であり，埋め立て架橋計画が景観に及ぼす影響は重大であるなどの理由から，原告側の請求が認められました。しかし，これは例外的なケースであり，景観利益を根拠とする行政訴訟のほとんどにおいて請求が認められていないという状況にあります（淡路他編，2012）。こうしたことから，景観利益は法的保護に値するものと認められてはいるものの，良好な景観を享受する権利，すなわち景観権が認められるまでには至っていないという現状がうかがえます。

　良好な景観が維持されるためには，地域住民や地権者などの多くの利害関係者が相互に協力しあうことが不可欠です。そうした協力関係の形成には，暗黙の了解や慣行といったローカル・ルールが重要な役割を果たしてきたはずです。こうした点に着目すると，景観はコモンズとして捉えるべきであると考えられます（角松，2013）。景観というコモンズの維持管理のあり方に関心が寄せられるようになる中，2004 年には景観法が制定されました。しかし，この法律に関しては，景観に関する住民の権利規定を欠いていることや，景観にかかわる行政施策の決定過程への住民参加を保障する規定が不十分であることなどの問題点が指摘されています（淡路他編，2012）。景観をめぐる紛争を未然に防止するには，良好な景観を維持する機能を果たしてきたローカル・ルールと経済性や利便性を追求する活動との間で調整を図るための制度的枠組みを整備する必要があるといえるでしょう。

参考文献

　　淡路剛久・寺西俊一・吉村良一・大久保規子編（2012）『公害環境訴訟の新たな展開——権利救済から政策形成へ』日本評論社。

　　角松生史（2013）「『景観利益』概念の位相」『新世代法政策学研究』第 20 号，273-306 ページ。

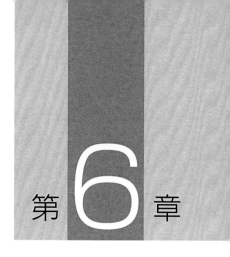

第6章

環境政策の理論

分別排出された資源ごみ（著者撮影）。住民には各自治体が定めた分別ルールにしたがってごみを排出することが求められている。

1 環境政策手段の選択

　第5章で述べたように，環境汚染の原因となっている発生源や汚染によって被害を受ける主体が非常に多数にのぼるような場合，中央集権的アプローチによって対処する必要があります。このアプローチでは，政府が環境目標を設定し，その達成を図るための政策手段を選択しなければなりません。このとき，政府はどのような基準で環境政策手段を選択すればよいのでしょうか。経済学では，環境目標を最も安価な費用で達成できるような政策手段を選択すべきであると考えます。つまり，環境目標を費用効率的に達成できるかどうかが，政策手段を選択する際の基準になります。

　これまでの環境政策において，主に採用されている政策手段は直接規制です[1]。これは，許容される排出量や濃度に関する基準（排出基準）や，排出削減のための技術に関する基準（技術基準）を法令によって定め，個別の発生源に対してこうした基準を満たすことを義務づけるというものです。しかし近年では，欧米諸国を中心に環境税や排出権取引といった経済的手段の導入事例が増えています。このように経済的手段の導入が進みつつある理由として，環境目標達成の費用効率性という点で直接規制には問題があることが挙げられます。ここで，直接規制が抱える問題について考察しながら，環境目標を費用効率的に達成するためにはどのような条件が満たされなければならないのかを検討してみましょう。

● 直接規制と費用効率性

　ある汚染物質を排出する2つの工場（発生源1と発生源2）が立地している地域があり，その汚染物質によって地域住民に健康被害が生じることが懸念されている状況を考えます。それぞれの発生源からは汚染物質が8トンずつ排出されており，健康被害の発生を回避するために合計16トンの排出量を

６トンに削減するという目標設定を規制当局（あるいは政府）が行ったとしましょう。総排出量６トンという環境目標を達成するための政策手段については，ここでは規制当局が直接規制を採用すると想定します。具体的には，２つの発生源からの排出量が同規模なので，許容排出量はともに３トンという一律の排出基準が設定された状況を考えます。したがって，この直接規制によって２つの発生源はそれぞれ５トンの削減を要請されたことになります。

　発生源である工場が汚染物質の排出量を削減する際には，費用負担が発生します。そこで，汚染物質の削減量と費用負担の関係について，限界削減費用という概念を用いて表現することにします。ここでは，２つの発生源に関して，限界削減費用が表６−１のようになっているとしましょう。なお，限界削減費用とは，汚染物質の削減量を１単位増やしたときの追加的費用を意味しており，これは汚染物質の排出量を１単位増加させることで得られる追加的便益，すなわち汚染排出の限界便益として解釈することもできます。

　表６−１の見方について，簡単な説明を加えておきましょう。追加的削減が１トン目の場合の数値は，まったく削減していない状況から１単位の削減を行ったときに発生する追加的費用を表しており，これについては２つの発生源ともに１となっています。また，追加的削減が３トン目の場合の数値は，すでに２トン削減している状況からさらに１単位（つまり３トン目）の削減を行ったときに発生する追加的費用を表しています。これについては，発生源１は４，発生源２は３となっています。発生源１が３トン削減した場合の削減費用は７（＝１＋２＋４），発生源２が３トン削減した場合の削減費用

表６−１　発生源の限界削減費用

| | 追加的削減 | | | | | | | |
	1トン目	2トン目	3トン目	4トン目	5トン目	6トン目	7トン目	8トン目
発生源1	1	2	4	7	11	16	22	29
発生源2	1	2	3	4	6	9	13	18

は 6（＝ 1 + 2 + 3）となります。表 6 - 1 の数値に基づいて 2 つの発生源の限界削減費用曲線を描くと、図 6 - 1 および図 6 - 2 のようになります。

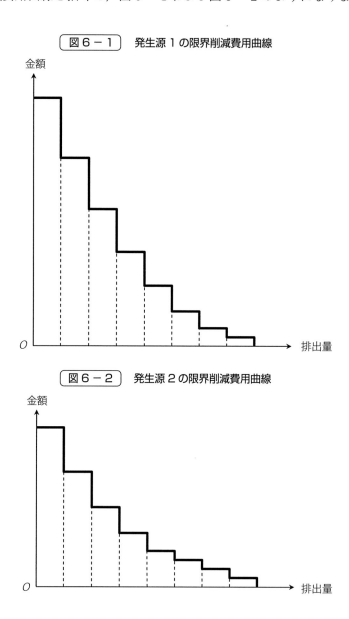

図 6 - 1 発生源 1 の限界削減費用曲線

図 6 - 2 発生源 2 の限界削減費用曲線

　ここで，許容排出量が3トンという一律の排出基準にしたがってそれぞれの発生源が削減を行った場合に総費用がどれだけになるかを考えましょう。発生源1は5トンの削減に25（＝1＋2＋4＋7＋11）を，発生源2は5トンの削減に16（＝1＋2＋3＋4＋6）をそれぞれ費やすことになります。したがって，汚染物質の総排出量を6トンにするという環境目標を達成する場合の総費用は41になります。

　このような一律の排出基準の設定によって，環境目標は最も安価な総費用で達成されているのでしょうか。このことを確認するために，発生源ごとの許容排出量を次のように変更してみましょう。まず，発生源1の許容排出量を3トンから4トンに増やします。そして，総排出量6トンという環境目標を維持するために，発生源2の許容排出量を3トンから2トンに減らします。このとき，発生源1にとっての削減費用は14（＝1＋2＋4＋7)，発生源2にとっての削減費用は25（＝1＋2＋3＋4＋6＋9）になります。したがって，環境目標を達成する場合の総費用は39ということになります。つまり，表6－1に示される限界削減費用の例では，2つの発生源に対して一律の排出基準を設定するよりも，発生源1に対して4トン，発生源2に対して2トンという排出基準を設定する方がより安価な費用で環境目標を達成することができるのです。ちなみに，発生源1には4トン，発生源2には2トンという排出基準を設定することで，環境目標の達成に要する総費用は最小化されます[2]。

　ともに3トンという一律の排出基準の下で，最後の1トン分の削減に関する限界削減費用（つまり5トン目の限界削減費用の値）がいくらになっているかをみると，発生源1が11，発生源2が6です。一方，発生源1には4トン，発生源2には2トンという排出基準の場合について最後の1トン分の削減に関する限界削減費用をみると，発生源1が7（4トン目の値)，発生源2が9（6トン目の値）となっています。このように，費用効率的な排出基準の下では，2つの発生源が行う削減における最後の1トン分の限界削減費用の差が縮小しています。総排出量が6トンという条件の下で，さまざまな排出

基準を２つの発生源に対して設定してみると，発生源１には４トン，発生源２には２トンという排出基準のときに，これらの発生源が行う削減における最後の１トン分の限界削減費用の差が最小になっていることが確かめられます。このことから，費用効率的に環境目標を達成するためには，最後の１単位の削減に関する限界削減費用の格差が極力小さくなるように各発生源に対して排出基準を設定すればよい，ということがわかります。以上の内容について，限界削減費用曲線が図６−１や図６−２にあるような階段状ではなく，滑らかな曲線や直線で描かれるような一般的状況を想定してまとめると，「各発生源の限界削減費用の均等化」が環境目標を最小費用で達成するための条件である，ということになります。なお，この章の補論では，環境目標達成の費用効率性に関して，限界削減費用曲線がより一般的な形状を有している状況を想定しながら説明を行っています。

　環境目標が最も安価な総費用で達成されるように規制当局が排出基準を設定するためには，それぞれの発生源の限界削減費用について知っている必要があります。表６−１にある２つの発生源の限界削減費用に関する情報を規制当局が十分に把握しているとしましょう。６トンという総排出量を費用効率的に達成しようとするならば，この表にある限界削減費用の数値のうち，発生源１のものか，発生源２のものかは問わずに小さいものから順に10トン分を選ぶと，目標達成の総費用が最小になるような削減量の割り振りが決まります。こうして，規制当局は環境目標を費用効率的に達成するような排出基準を定めることができます。

　しかし，限界削減費用を知るためには，発生源が有する技術についての情報を獲得しなければなりません。第５章でも述べたように，果たして現実にそのような情報を規制当局が入手できるのかというと，それはかなり難しいでしょう。そのため，政策手段として直接規制を採用する場合，限界削減費用という発生源の内部にある情報を踏まえた排出基準の設定は困難なので，発生源の種類や規模，建設された時期などといった外形的な属性に基づいて

排出基準を設定せざるを得ないと考えられます。結果として，限界削減費用には差異が存在していたとしても，外形的に同様の属性を持った発生源に対しては一律の排出基準が適用されることになります。このような理由から，環境目標達成の費用効率性という点で直接規制には問題があると指摘されているのです[3]。

　先にも述べたように，近年では経済的手段の導入事例が増える傾向にあります。その背景には，環境目標達成の費用効率性という点で経済的手段を採用するメリットが大きいという期待があります。以下では，環境税および排出権取引という2つの経済的手段がどのような機能を有しているのかについて解説することにしましょう。

● 環境税

　ここでは，表6-1にある発生源1の限界削減費用をモデルに用いながら環境税の機能について説明します。規制当局は，環境目標を達成するための政策手段として環境税を選択した場合，税率を決定する必要があります。以下では，排出量1トン当たり10という税率が設定されている状況を想定して，この税率の下で発生源1がどのように行動するかを考察しましょう。図6-3には，発生源1の限界削減費用曲線と環境税率との関係を表したグラフが描かれています。排出量が8トンのままだとすると，発生源1が支払わなければならない環境税の額は80（＝8トン×10）となります。発生源1が合理的な主体であるならば，この額の環境税をすべて支払うのが果たして自己の利益にとって望ましいかどうかを考えるはずです。ある程度費用を負担して排出量を削減しても，それによって得られる節税効果の方がその費用負担よりも大きいならば，削減することはむしろ合理的です。

　このことについて，発生源1の限界削減費用曲線を基に考えてみましょう。まず，最初の1トン目の削減については限界削減費用が1であり，その削減によって支払わずに済む環境税の額は10です。したがって，発生源1

にとって最初の1トン目の削減を行うことは合理的です。続いて2トン目の削減についてみると，限界削減費用が2であり，支払いを回避できる環境税の額は10なので，やはりこの場合も削減を実施するのが合理的です。このように考えると，発生源1は，限界削減費用が税率を下回る限り削減を実施すべきであると判断するでしょう。図6−3をみると，4トン目の削減までは限界削減費用が税率を下回っています。このことから，発生源1にとっては排出量が4トンになるまで削減を行うことが合理的な選択である，ということになります[4]。なお，4トンという排出量を選択したときの発生源1の費用負担は，環境税の支払いが40（＝4トン×10），4トン分の削減費用が14（＝1＋2＋4＋7）なので，合計で54になります。

　ここで，4トンという排出量水準において発生源1の限界削減費用曲線と環境税率がどのようになっているかを確認してみましょう。図6−3をみる

図6−3　環境税がもたらす排出削減効果

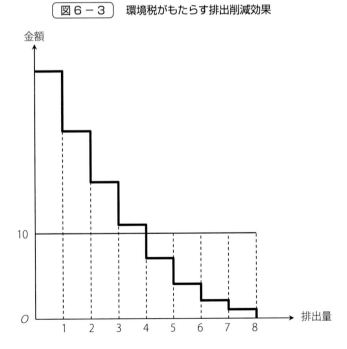

と，排出量が 4 トンのときに限界削減費用曲線と環境税率の水準を示す直線が交差しています。これは，限界削減費用と環境税率が等しくなるように排出量水準を選択することが，発生源 1 にとって合理的であるということを示しています。

　以上の内容を一般化してみましょう。発生源 1 と同じように汚染物質を排出する発生源が多数存在するとします。この汚染物質の排出に対して税率を 10 とする環境税がすべての発生源に一律に課せられた場合には，発生源 1 と同様に他の発生源も限界削減費用がこの税率と等しくなるように排出量水準を選択するでしょう。これは，環境税率を媒介としてすべての発生源の限界削減費用が等しくなることを意味しています。つまり，環境税によって「各発生源の限界削減費用の均等化」が実現することになるのです。

　ここで注意すべき点があります。例えばある一定の総排出量が環境目標として定められている場合に，環境税の下で各発生源が選択した排出量を合計した数値が，目標とする総排出量と等しくなっているという保証はありません。どのような水準に税率を設定すれば環境目標を達成できるかを規制当局が事前に予測することは不可能ではないでしょうが，ある税率を設定してみたときに実際に環境目標が達成されるかどうかについては，どうしても不確実性が残ります。したがって，最初に設定した税率で目標達成が実現できなかった場合には，税率を改定して目標達成をめざすということが必要になります。このように，試行錯誤的に税率を改定しながら環境目標の達成を図るような環境税は，ボーモル＝オーツ税と呼ばれます。

　環境税率の改定を通じて，ある税率の下で環境目標が達成されたとします。このとき，その税率を媒介としてすべての発生源の限界削減費用が均等化しているはずです。このような状況が実現すれば，環境目標が最小費用で達成されていることになります[5]。なお，この章の補論では，環境税の機能に関して，限界削減費用曲線がより一般的な形状を有しているという状況の下で説明を行っています。

● 排出権取引

　次に，排出権取引の機能について考察しましょう。ここでは，表6－1に
ある発生源2の限界削減費用をモデルに用いて説明していきます。また以下
では，環境目標としてある一定の総排出量が定められている状況を想定しま
す。この環境目標を達成するための政策手段として排出権取引が選択された
場合，規制当局は，目標である総排出量に相当する量の排出権を発行し，こ
れを各発生源に割り振る必要があります。この割り振り作業を排出権の初期
配分と呼びますが，それには大きく分けて無償配分と競売（オークション）
という2つの方法があります。初期配分の方法については，ここでは無償配
分が採用されたと考えましょう。発生源2に対しては，初期配分として3ト
ンの排出権が割り振られたとします。

　排出権取引という政策手段の下では，それぞれの発生源は排出権を売買す
ることができます。例えば，ある発生源が自己の排出量を賄うのに十分な量
の排出権を持っていなければ，排出権が余っている発生源から購入すること
ができます。このようにして売買が行われることにより，排出権価格が形成
されます。ここでは，排出権取引市場は競争的であると想定し，排出権価格
が5という値を付けている状況を考えます。

　図6－4には，発生源2の限界削減費用曲線と排出権の初期配分量，およ
び排出権価格の関係を表したグラフが描かれています。発生源2が合理的な
主体であるとすると，保有している排出権の量と同じ排出量を選択するのが
自己の利益にとって望ましいかどうかを考えるはずです。そこで，発生源2
にとってどのような選択が合理的なのかを，限界削減費用曲線を用いて考察
しましょう。

　まず，3トンの排出量からさらに排出量を1トン増やすことが合理的かど
うかを考えます。3トンの状態から排出量を1トン増加させることで，発生
源2は5トン目の限界削減費用である6を負担せずに済むことになります。
しかし，発生源2は3トン分の排出権しか持っていないので，排出量が増加

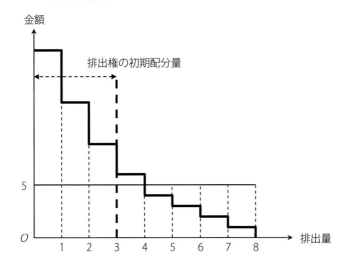

図6-4 排出権取引がもたらす排出削減効果

した分を賄うために，排出権を1トン購入する必要があります。排出権価格は1トン分が5であり，この購入費用で6という限界削減費用の負担を回避できるので，排出量を1トン増加させることは発生源2にとって合理的です。続いて，さらにもう1トン排出量を増加させる場合について考えます。このとき，発生源2は4トン目の限界削減費用である4を負担せずに済むことになりますが，排出権の購入のために支払う額は5です。したがってこの場合，発生源2にとって排出量を増加させることは合理的ではありません。以上の考察から，初期配分量として3トン分の排出権を保有している発生源2にとって，排出権価格が5という状況においては，1トン分の排出権を購入して4トンという排出量を選択するのが合理的である，ということになります。

　ここで，4トンという排出量水準において発生源2の限界削減費用曲線と排出権価格がどのようになっているかを確認してみましょう。図6-4からは，排出量が4トンのときに限界削減費用曲線と排出権価格の水準を示す直線が交差していることがみてとれます。これは，限界削減費用と排出権価格

が等しくなるように排出量水準を選択することが，発生源2にとって合理的であるということを意味しています。

　以上の内容について，発生源2と同じように汚染物質を排出する発生源が多数存在するという状況を想定して一般化してみましょう。すべての発生源が5という排出権価格に直面しているならば，発生源2と同様に他の発生源も限界削減費用が排出権価格と等しくなるように排出量水準を選択すると考えられるので，排出権価格を媒介として「各発生源の限界削減費用の均等化」という状況が実現することになります。また，それぞれの発生源は，自身にとって合理的な排出量と初期配分量とを比較して，排出権が足りなければ購入し，余るのであれば売却するという行動をとるでしょう。ただし，排出権の総量は一定なので，どれだけ排出権の売買が行われたとしても，環境目標とされる総排出量は維持されているはずです。このようにして，排出権取引の下では，環境目標が最小費用で達成されることになるのです。なお，この章の補論では，排出権取引の機能に関して，限界削減費用曲線がより一般的な形状を有している状況を想定しながら説明を加えています。

● 環境税と排出権取引の比較

　以上でみてきたように，規制当局は，環境税あるいは排出権取引を政策手段に採用することで，発生源の限界削減費用に関する情報を持っていなくても「各発生源の限界削減費用の均等化」という状態を実現することができます。環境税については，先にも述べたように，ある環境税率を設定した場合に目標とされる総排出量が確実に達成されるとは限りませんが，税率を改定しながら最小費用での環境目標の達成を図ることができます。一方，排出権取引の場合，発行される排出権の総量が目標とされる総排出量と等しくなっている限り環境目標は確実に達成されます。ただし，排出権価格は市場における需要と供給の動向に依存して決まるため，どのような価格が形成されるかを正確に予測するのは難しいでしょう。状況によっては，排出権価格は暴

騰したり急落したりすることもありえます。このように，環境税の場合は目標とされる総排出量の達成という点で不確実性があるのに対して，排出権取引の場合は排出権価格の動向に関して不確実性があります。排出権価格は，廃物の捨て場として環境を利用する際の対価とみなすことができますが，その対価に不確実性がつきまとうことは，排出削減に向けた企業の投資判断にネガティブな影響を及ぼし，汚染削減の進展を阻害する要因になりかねません。

　環境税の場合，発生源は，削減に要する費用に加え，選択した排出量に応じて環境税を支払う必要があります。一方，排出権取引の下では，発生源にとっては無償で配分された排出権については負担が生じません。初期配分で得た排出権の量よりも実際の排出量が少なければ，余った排出権を売却して利益を得ることもできます。しかし，初期配分がオークションによって行われるならば，発生源は自己の排出量を賄うのに必要な量の排出権を競売で調達しなければならないので，その場合の負担感は環境税と同様に大きくなると考えられます。

　規制当局は，環境税を選択するならば税率を決定する必要があります。規制対象となる企業からすれば，できるだけ税率を低くしてもらいたいと思うのが自然でしょう。規制当局が税率を決定する際，企業が政治的影響力を行使するためにロビー活動を行い，税率の軽減など，自己に有利な措置を規制当局に求めることも考えられます。一方，排出権取引の場合には，企業は無償での初期配分を通じてより多くの排出権を獲得することを目的として，規制当局に対して政治的に働きかけるようなことがありうるでしょう。環境税や排出権取引は，このような政治経済学的な問題をはらんでいるのです。

2　廃棄物処理とリサイクル

　人間の生産活動や消費活動に伴って生じる廃物にはさまざまなものがあり

ます。例えば大気汚染物質や水質汚濁物質などは，これ以上資源として利用することができない（あるいは資源として利用するのに膨大な費用を要するような）状態にあるので，環境中に排出せざるを得ません。こうした廃物については，前節で解説したような政策手段を用いて，人間の健康や自然環境への悪影響がない水準（あるいは経済学の観点から効率的とされる水準）まで排出量を抑制する必要があります。

　一方で，用をなさない廃物としてある主体が排出しているものであっても，別の主体によってそれが資源として有効に利用されている場合があります。例えば，日本では屎尿は江戸時代や明治時代には農業用の肥料として売買されていました。また，古紙回収業者は，一昔前までは家庭から出される古紙をトイレットペーパーなどと交換すること（いわゆるちり紙交換）で商売が成り立っていました。もし，ある主体にとっての廃物を別の主体が購入して自らの経済活動の資源として再利用し，それによって収益を得ることができるのであれば，この廃物は通常の財と同様に，有償での取引が行われることになります。

　しかし，ある主体にとっての廃物を資源として利用するために買ってくれる別の主体がいなければ，その廃物はそのまま環境中に排出されてしまう恐れがあります。それに伴って発生する環境や健康への悪影響（外部不経済）に対処するためには，廃物を排出した主体が自ら費用を負担して適正に処分するか，他の主体にお金を支払って処理（あるいは再利用）してもらうようにしなければなりませんが，それには環境政策の導入が不可欠です。環境政策の下でこうした廃物の処理や取引が行われる場合，貨幣の流れはモノの流れと同じ方向になる，すなわち逆有償になるのです。例えば，大気汚染物質や水質汚濁物質の場合は，先に述べたように環境政策手段を用いて排出量を抑制する必要があります。このとき，発生源となる主体は排出削減に伴って発生する費用を負担することになります。また，家庭や工場などから排出される廃棄物の場合も，それを適正に処分するためには費用がかかります。加

えて，廃棄物の中には資源として再利用することが可能なものが多く含まれている場合がありますが，資源として使えるものを取り出すために分別収集したり，再資源化したりする際にも費用が発生します。廃棄物やリサイクルに関する環境政策では，このような廃棄物にかかわる費用を誰がどのようなかたちで負担するのかということについてのルールを整備する必要があります[6]。

● 廃棄物問題

　近年，日本では廃棄物を埋め立て処分するための最終処分場の残存容量が減少しています。また，最終処分場はいわば迷惑施設であるということもあって，新たに土地を確保して建設することが難しい状況にあります。こうした最終処分場問題に加えて，廃棄物処理に要する費用の増加という問題にも直面しています。家庭系ごみなどの一般廃棄物の処理責任を負っている市町村では，ごみ処理事業経費の上昇が財政を圧迫することにもなりかねません。

　こうした事態に対処するためには，廃棄物の分別を徹底して行い，最終処分場で埋め立て処分されるごみの減量化を図るとともに，再資源化が可能なものを有効活用するような仕組みを構築することが必要です。以下では，ごみの減量化の手段として導入が進んでいるごみ処理有料化と，再資源化を推進するためのリサイクルシステムについて考察することにしましょう。

● ごみ処理有料化

　家庭から排出されるごみは，「廃棄物の処理及び清掃に関する法律」の中で一般廃棄物として分類され，市町村の責任で処理されるものと定められています。従来より，家庭系ごみの処理費用は税金によって賄われてきました。このようにごみ処理を公共サービスとして供給する根拠に関しては，ごみ処理サービスが公共財としての性質を有していることが挙げられます。ご

みを適正に処理すると，それによる衛生面や環境面での便益はごみを出した主体だけでなく，社会の多くの主体に広く及ぶことになります。また，処理費用を負担せずにサービスを受けようとする行為を防ぐことは難しいと考えられます。

　このようにごみ処理を公共サービスとして供給することには理論的な根拠があるのですが，税金で処理費用を賄う場合はごみの排出量に応じた費用負担にはならないので，ごみを減らそうというインセンティブを家計に与えることができません。既存の最終処分場の延命やごみ処理事業経費の抑制という課題に直面する中で，ごみの減量化を実現するには，処理費用を税金のみで賄う方法では問題があるということが明らかになっていったのです。

　このような背景から，ごみ処理有料化を行う自治体が増えていきました。ごみ処理有料化とは，ごみを排出する主体にごみ処理の手数料を負担してもらう制度を導入することを意味しています。手数料を徴収する方法は自治体によって異なっていますが，ごみを出す際に有料の指定袋を使用することを義務づけ，指定袋の価格に一定の手数料を上乗せして販売するという方法が多くの自治体で採用されているようです（環境省環境再生・資源循環局廃棄物適正処理推進課, 2022）。ごみ処理有料化が実際にどれくらいのごみ減量効果をもたらしたのかについては，研究者などによって分析・評価が行われています（碓井, 2015）。この評価作業を通じて，ごみ処理を有料化する際の望ましい制度のあり方が明らかになっていくものと期待されます[7]。

● リサイクルシステム

　家庭から排出されるごみが増えている要因の1つに，容器包装廃棄物の増加があります。先進国では，これに対処するための取り組みが行われています。例えばドイツでは，1991年に包装廃棄物の回避に関する政令が公布され，製造業者や流通業者に対して容器包装廃棄物の回収と再資源化を義務づけました。この政令を受けて，容器包装材のメーカーや飲料などの中身の

メーカー，流通業者がデュアルシステム・ドイチュラント（DSD）という企業を共同で設立しました。これにより，自治体によるごみ処理事業と並行するかたちでDSDが回収・再資源化を実施するシステムが形成されました。このシステムにおいて回収・再資源化の対象となるのは，グリューネ・プンクトと呼ばれる指定されたマークを表示している商品です。DSDにライセンス料を支払えば，メーカーなどは自身が製造・販売する商品にグリューネ・プンクトを表示することができます。DSDはそのライセンス料収入を財源として運営され，回収・再資源化の作業を業者に委託しています。

　以上のようなリサイクルシステムでは，回収から再資源化に至るまでに要する費用をメーカーなどが負担することになっています。また，ライセンス料も，リサイクルしにくい素材については高く設定されています。こうしたことにより，リサイクルが困難な素材や廃棄物になりやすい容器包装を回避するといった対応をメーカーがとるようになると期待されます。実際，ドイツではこのシステムが容器包装廃棄物の発生抑制という点で一定の成果をあげたといわれています（治田，2010）。

　日本では，ごみの減量化を図ると同時に容器包装廃棄物を資源として有効に利用することを目的として「容器包装に係る分別収集及び再商品化の促進等に関する法律（容器包装リサイクル法）」が制定され，1997年より施行されました。この法律に基づくリサイクルシステムでは，容器を製造・輸入する事業者や容器包装を利用する事業者に対して，市町村が分別収集した容器包装廃棄物を再商品化することを義務づけています。これらの事業者は，指定法人に料金を支払って再商品化を委託するという方法をとることができます。このように，容器包装リサイクル法の下では，分別収集や選別・保管に要する費用は市町村が負担し，事業者は再商品化の費用のみを負担するということになります。先に述べたドイツにおける容器包装廃棄物のリサイクルシステムと比較すると，事業者の負担が再商品化に要する費用のみである日本のシステムでは，容器包装廃棄物の発生そのものを抑制する効果は限定的

にならざるを得ないと考えられます。

　日本では，容器包装廃棄物に続いて，使用済みの家電製品や自動車のリサイクルシステムも導入されています。こうしたシステムを構築する際の基本原理として提唱されているのが，拡大生産者責任という概念です。これは，製品に対する生産者の責任が，製造・販売・使用の後の段階，すなわち廃棄の段階にまで拡大されるという考え方です。その狙いは，生産者に対して環境に配慮した製品設計を行うインセンティブを与えることにあります。家計がなるべくごみを出さないように努めても，過剰包装がされていたり再資源化できない容器包装が使われていたりすると，最終処分場に送られるごみを減らすことが難しくなります。また，リサイクルの費用が高くつくような容器包装が使われ続ければ，リサイクルの仕組みを設けたとしても，それは社会全体にとって非常に負担の大きいシステムになってしまうでしょう。したがって，生産者が製品をつくる段階で，できるだけ廃棄物が少なくなるようにしたり，リサイクルが難しい素材を使用しないようにすることが不可欠となります。こうしたことから，拡大生産者責任を基本原理とすることにより，効率的なリサイクルシステムの実現が可能になると考えられます。今日では，リサイクルシステムを構築する際に，拡大生産者責任という概念を制度の中にどのようにして具体的に盛り込むかということが重要な論点になっているのです。

【注】

1）直接規制は，指令－統制型手段と呼ばれることもあります。
2）読者は，発生源1に対して4トン，発生源2に対して2トンという排出基準の下で環境目標が最小の総費用で達成されることを確認するために，総排出量が6トンという条件の下でさまざまな水準の許容排出量を2つの発生源に適用してみてください。
3）直接規制には，排出基準のほかに，採用すべき排出削減技術を指定する技術基準も含まれます。技術基準を設定する際，規制当局が発生源の限界削減費用について十分な情報を持っていれば，最も安価な排出削減技術を指定することができるでしょう。しかし，こうした情報を入手するのは困難だと考えられます。規制当局が高価な技術を指定した場合，一定量の削

減に要する費用は，技術基準の下では高くついてしまうことになります。排出基準であれば，どのような技術で削減を行うかは発生源自身の選択に委ねられるので，最も安価な技術が採用されると考えられます。こうしたことから，技術基準は，排出基準に比べると費用効率性の面で劣っているといえます。

4）読者は，練習問題として，表6－1にある発生源2の限界削減費用をモデルに用いて，環境税率が10である場合にどの水準の排出量を選択するのが発生源2にとって合理的かを考察してみてください。

5）環境税とは逆に，汚染物質の削減量に応じて補助金を与えるという政策手段もあります。例えば，1トンの削減に対して10の補助金額が設定されている場合，図6－3にある限界削減費用曲線をモデルにすると，補助金額が限界削減費用を上回る限り削減を行うことが合理的なので，選択される排出量は4トンになります。これは税率を10とする環境税の下で選択される排出量と同じ水準です。このことから，環境税と補助金は同じ効果を持つように思われます。しかし，後者の場合には，削減費用を上回る額の補助金が得られます（図6－3のモデルでは，削減費用が14（＝1＋2＋4＋7）に対して，補助金は40（＝4トン×10））。このように補助金による利益が見込まれるならば，長期的にみると新たに市場へ参入する企業も出てくるでしょう。こうして発生源が増えるならば，削減1トン当たりの補助金額に変更がない限り，社会全体でみた総排出量は増加することになります。環境税の場合は，汚染物質の排出量に応じて税負担が生じるので，長期的に企業の新規参入を誘発するような効果はありません。このように，長期の観点では，環境税と補助金がもたらす効果に差異が生じることになります。

6）有償で取引されるモノはグッズ（goods），逆有償で取引されるモノはバッズ（bads）と呼ばれます。グッズとバッズの経済分析に関してより詳細に知りたい読者にとっては，例えば細田（2012）がわかりやすいでしょう。

7）ごみ処理有料化は，経済的インセンティブを与えることによってごみの減量化を実現しようとする方策として位置づけられます。経済的インセンティブを活用した廃棄物政策としては，このほかにデポジット制度（デポジット＝リファンド・システム）があります。これは，ある製品にあらかじめ預り金を上乗せして販売し，使用済み容器の返却の際にその預り金を払い戻すという制度です。この制度は，預り金という課税と，払い戻しという補助金を融合した政策手段であるといえます。デポジット制度は，空き缶などの使用済み容器の散乱を防ぐとともに，それを回収しリサイクルする場合に有効であると考えられますが，日本ではこの制度の導入はあまり進んでいません。

第6章の演習課題

　日本において実施されてきたごみ処理有料化やリサイクルシステムの事例を取り上げ，それらの具体的な仕組みがどのようなものかを調べてみましょう。また，それらの成果についても議論してみましょう。

環境目標達成の費用効率性と
経済的手段の機能

　この補論ではまず，限界削減費用曲線が一般的な形状を有している状況を想定しながら，環境目標達成の費用効率性について解説します。図6補－1には，ある汚染物質を排出する2つの発生源（発生源1と発生源2）の限界削減費用曲線が描かれています。横軸に関して，O から右に向かって増えていくのが発生源1の排出量であり，O から左に向かって増えていくのが発生源2の排出量です。汚染物質排出に対して何ら規制が存在しない状況では，発生源1は OQ に相当する量を，発生源2は OR に相当する量をそれぞれ排出します。ここでは，全体で QR に相当する量が排出されると地域住民に健康被害が生じる懸念があるという状況を想定します。

図6補－1　環境目標達成の費用効率性

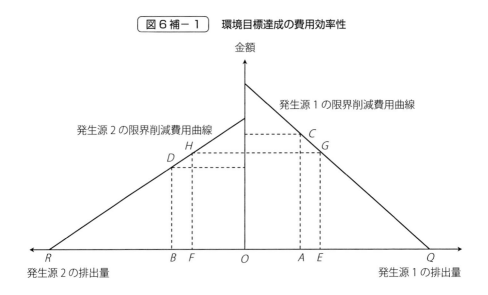

　このような状況の下で，規制当局が，汚染物質の排出量を抑制することを企図して，発生源1に対してOAに相当する許容排出量を設定し，発生源2に対してはOBに相当する許容排出量を設定するという直接規制を導入したとしましょう（したがって，環境目標は$OA + OB$に相当する排出量になります）。このとき，Aにおける発生源1の限界削減費用はAC，Bにおける発生源2の限界削減費用はBDであり，発生源1の方が最後の1単位分の削減に関する限界削減費用が大きくなっています。このような状態においては，発生源1の削減量を1単位減らし，より安価に削減できる発生源2の削減量を1単位増やすことで，全体の排出量を変化させることなく，削減に要する総費用を節減することができます。最後の1単位分の削減に関する限界削減費用に格差がある限り，このような削減量の割り振りの変更を行うことで，環境目標達成に要する総費用が節約されます。図6補−1を用いて説明すると，発生源1の許容排出量をAEに相当する分だけ増やし，BF（$= AE$）に相当する分を発生源2の許容排出量から減らすことで，2つの発生源の限界削減費用が等しくなります（Eにおける発生源1の限界削減費用はEG，Fにおける発生源2の限界削減費用はFHであり，これらの区間の距離は同じです）。このように，2つの限界削減費用が均等化する状況が実現しているならば，環境目標（$OA + OB = OE + OF$）が最小の費用で達成されていることになります。

　続いて，限界削減費用曲線に関して一般的な形状を想定しながら，経済的手段である環境税と排出権取引の機能について説明しましょう。まず，環境税の機能に関して，図6補−2を用いながら解説します。この図には，ある発生源の限界削減費用曲線が描かれています。環境税が導入される前のこの発生源の汚染物質の排出量はE_0の水準になります。ここで，規制当局が税率Tの水準で環境税を導入したとします。このとき，この発生源は限界削減費用と削減によって支払わずに済む税金の額とを比較して，どこまで削減するのが合理的かを判断するでしょう。発生源にとって削減を行うのが合

102

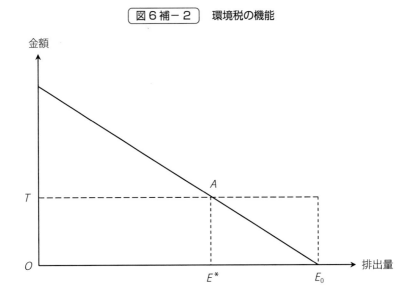

図6補-2 環境税の機能

理的なのは，限界削減費用よりも税率が大きい場合です。図をみると，横軸の E^*E_0 の区間において税率が限界削減費用を上回っています。したがって，この発生源は税率と限界削減費用が一致する E^* まで削減を行うのが合理的である，ということになります。E_0 から E^* まで削減を行う場合，規制当局に対して支払うことになる環境税の総額は領域 $OTAE^*$ に相当し，削減費用の負担は領域 AE^*E_0 になります。

　限界削減費用曲線の形状が異なる他の発生源においても，限界削減費用と税率が等しくなるように排出量水準が選択されていると考えられます。したがって，すべての発生源に対して一律の環境税率が課されているならば，その税率を媒介として各発生源の限界削減費用は均等化しているはずです。もしある環境税率の下でそれぞれの発生源が選択した排出量の合計が環境目標とされる総排出量と一致していれば，環境税によって環境目標が最小費用で達成されているという状況が実現することになります。

　次に，排出権取引の機能に関して，図6補-3を用いて説明します。い

（図6補-3）　排出権取引の機能

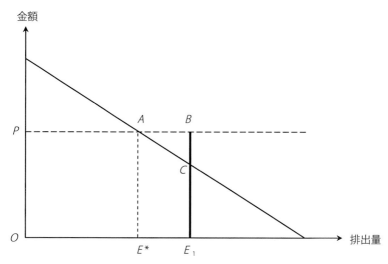

ま，規制当局がある汚染物質の排出削減のための政策手段として排出権取引を採用し，排出権の初期配分を無償で行ったとします。図中には，ある発生源の限界削減費用曲線が描かれており，ここではこの発生源に対して OE_1 に相当する量の排出権が配分されている状況を想定しています。また，排出権取引市場は競争的であり，その市場で決定される排出権価格は図中に示される P の水準にあるとします。このとき，この発生源は，配分された排出権に相当する排出量を選択すべきか，それとも他の排出量水準を選択すべきかを判断することになります。図において，排出量が E_1 の水準にあるときの限界削減費用と排出権価格を比べると，前者が後者を下回っています。これは，E_1 から排出量を1単位削減する際に要する費用よりも，その削減によって余剰となる排出権の売却によって得られる収入の方が大きいことを意味しています。そうであれば，発生源にとっては E_1 から排出量を1単位削減するのが合理的です。このように考えると，排出権価格が限界削減費用を上回っている限り，削減して余剰排出権を売却することで収益を得ることができる

ので，この発生源は図中の区間 E^*E_1 に相当する排出量を自ら削減すること
になります。E_1 から E^* まで削減を行う場合，領域 ACE_1E^* に相当する削減
費用を負担することになりますが，排出権を売却することで領域 ABE_1E^* で
示される収入が得られるので，領域 ABC に相当する純収入を獲得できます。
なお，このようにして選択された排出量水準 E^* においては，限界削減費用
と排出権価格が等しくなっていることが図からもわかります。

　限界削減費用曲線の形状が異なる他の発生源においても，限界削減費用と
排出権価格が一致するように排出量水準が選択されていると考えられます。
したがって，排出権取引市場が競争的であるとすると，その市場で形成され
る排出権価格を媒介としてすべての発生源の限界削減費用が均等化すること
になります。取引が行われれば，発生源の排出量は初期配分の量とは異なっ
てきますが，発行されている排出権の総量が一定である限り，環境目標とさ
れる総排出量は維持されます。このようにして，排出権取引を通じて環境目
標が最小費用で達成されることになるのです。

Column 6

企業による環境対策と情報開示

　さまざまな資源やエネルギーを投入して行われる企業の生産活動は，大気汚染物質や水質汚濁物質などの排出を伴うため，健康被害や環境破壊をもたらす可能性があります。現在，日本をはじめ多くの国においてそうした健康被害や環境破壊を防ぐための法令が整備されており，企業はこれを遵守することが求められています。また近年では，多くの企業が社会・環境分野に関する取り組みや成果についてサステナビリティ報告書や統合報告書などを通して自主的に情報開示するようになっています。昨今では，企業が投資先として選定される際，ESG（環境・社会・企業統治）にかかわる課題への対応のあり方が問われるようになっていることから，企業がESGにどう配慮しているかについて積極的に開示することの重要性が高まっています。

　こうした中，気候変動が企業経営にとって重大なリスクとなりつつあることを背景に，気候関連財務情報開示タスクフォース（Task Force on Climate-related Financial Disclosures：TCFD）が金融安定理事会によって2015年に設けられました。TCFDは，気候変動が事業活動や財務に与えるインパクトを調査・分析して情報を開示することを求める民間主導の枠組みであり，2017年に公表した最終報告書の中で気候関連財務情報の開示方法に関する提言を行っています。TCFDの目的は，金融市場の安定化のために，企業が開示する気候関連リスクの情報を基に投資家や金融機関が投資判断を適切に行えるようにするという点にあります。

　上で述べたように，社会・環境分野での取り組みに関する情報を自主的に開示する企業は増加してきましたが，このようなサステナビリティ情報に関しては複数の開示基準が存在しており，採用される基準が異なると情報を企業間で比較することが困難になるといった課題が指摘されていました（後藤・鶯地編著，2022）。こうしたことから，情報開示基準の統一に向けた動きがみられるようになり，2021年に

は国際財務報告基準（International Financial Reporting Standards : IFRS）を提供する IFRS 財団が国際サステナビリティ基準審議会（International Sustainability Standards Board : ISSB）の設立を発表し，サステナビリティ情報に関するグローバルな開示基準の策定に着手しました。2023 年 6 月，ISSB はサステナビリティ関連財務情報の開示に関する全般的要求事項と気候関連開示に関する基準を公表しました。

　日本企業はこれまで，統合報告書などを通してサステナビリティ情報を任意に開示してきました。しかし，サステナビリティ情報開示をめぐる近年の国際動向を背景として，2023 年 1 月の「企業内容等の開示に関する内閣府令」等の改正により，有価証券報告書においてサステナビリティ情報の開示が義務づけられることになりました。

　先に述べた ISSB による情報開示基準は，日本におけるサステナビリティ情報開示のあり方にインパクトを与えることになると考えられます。さらに，ISSB は生物多様性などについても基準策定に向けた動きを示しており（北川編著，2023），企業に求められるサステナビリティ情報開示の範囲は今後さらに拡大していくと見込まれています。

参考文献

北川哲雄編著（2023）『サステナビリティ情報開示ハンドブック』日本経済新聞出版。
後藤茂之・鶯地隆継編著（2022）『気候変動時代の「経営管理」と「開示」』中央経済社。

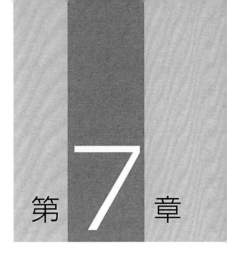

第 7 章

環境政策の実際

米国コロラド州ボールダー市の風景（著者撮影）。住民の自治意識が高い同市では，環境対策でも独自の取り組みを行っている。

1 進展する経済的手段の導入

　従来，政府による環境問題への対応としては，直接規制を主たる政策手段とする環境政策が実施されてきました。しかし，直接規制に関しては，第6章で解説したように環境目標達成の費用効率性という点で問題があり，また発生源ごとに許容排出量を設定するには多大な行政費用を要することから，近年では経済的手段を導入する試みが広がりつつあります。例えば，欧州では1990年代にスウェーデンやデンマーク，オランダなどにおいて炭素税が導入されました。また米国では，酸性雨対策プログラムが1995年から実施されており，このプログラムにおいて発電所から排出される二酸化硫黄（SO_2）を削減するための政策手段として排出権取引が活用されています。

　排出権取引は，京都議定書において数値目標の達成方法に柔軟性を持たせる仕組みとして規定されたこともあって，温室効果ガス排出削減のための政策手段として注目が集まるようになりました（京都議定書については第8章で解説します）。欧州連合（EU）は，域内共通の地球温暖化対策としてこの政策手段を採用し，2005年に排出許可証取引制度（EU Emissions Trading Scheme : EU-ETS）を開始しました。

　本章では，欧州諸国で導入された炭素税，米国およびEUで実施されている排出権取引を事例として取り上げ，実際に経済的手段がどのように活用されているかを考察します。また，現実の環境政策では，複数の政策手段が組み合わされるケースも少なくありません。政策手段の組み合わせはポリシー・ミックスと呼ばれますが，最近では，それがどのような効果を持ちうるのかということに対して関心が寄せられるようになっています。そこでこの章では，環境政策におけるポリシー・ミックスについても検討することにします。

2　欧州における環境税制改革

　1990 年代，欧州諸国において炭素税（あるいはエネルギー税）の導入が広がっていきました。その際，炭素税を導入した欧州各国は，同時に税制の改革も実施しました。その改革とは，表 7 - 1 に示すように，炭素税による税収を一般財源に組み入れる一方，所得税の減税や社会保障負担の削減などを実施するというものです。つまり，炭素税を課すことによって得られる税収を用いて，既存の税を減税したり社会保障負担を軽減したりすることで失われる収入を賄おうとしているのです。こうした税制改革には，どのような意義があるのでしょうか。

　第 6 章において環境税の機能について解説しましたが，そこではもっぱら環境目標達成の費用効率性という観点から考察していて，環境税の導入に伴って発生する税収についてはまったく考慮していませんでした。しかし，実際に環境税を導入する場合には，政府はその税収をどのように使うのかということを考えざるを得ません。多くの人は，環境税による税収なのだから環境保全のために活用すべきだという意見（つまり目的税としての環境税であるべきだという考え方）を持つかもしれません。欧州諸国で行われた炭素税導入の事例では，目的税とするのではなく，炭素税収を一般財源に組み入れることで，既存の税や社会保障に伴う負担の軽減に活用したわけです。その目的は 2 つあると考えられます。1 つは，炭素税の導入によって経済主体に二酸化炭素（CO_2）排出削減のインセンティブを与えることです。もう 1 つは，経済に歪みをもたらす既存の税を減税して，経済効率性を向上させることです。

　以上の欧州諸国の事例のように，環境税導入にあわせて既存税の減税を行うという税制上の改革は環境税制改革と呼ばれています。そして，このような環境税制改革は，環境改善と経済の効率性向上という「二重の配当」をも

表7−1 欧州における環境税制改革の主な内容

	フィンランド	スウェーデン	ノルウェー
導入の経緯	・1990年：炭素税 [additional duty] を導入。課税標準は炭素含有量。 ・1994年：課税標準を炭素／エネルギー含有量 (75/25) に変更。 ・1997年：課税標準を再び炭素含有量に変更。また、発電用燃料に関する炭素税を非課税とするとともに、電気消費税 [output tax on electricity] を導入（課税段階の変更）。	・1991年：大規模な税制改革において、所得税の大幅減税を伴って炭素税 [carbon dioxide tax] を導入。課税標準は炭素含有量。 ・2001年：新たなグリーン税制改革の一環として炭素税を増税し、既存のエネルギー税を減税（政府予算2000年12月時点）。	・1991年：炭素税 [CO$_2$-tax] の導入。課税標準は炭素含有量に依存しない。 ・1992～93年：エネルギー課税体系の既存エネルギー税を、交通用及び暖気を除く熱利用燃料の既存エネルギー税を廃止し（注1）、炭素税の税率を引き上げ。 ・1998年：新グリーン税制を導入。炭素税課税対象を北海油田への供給船、航空運輸、沿岸海上運輸にまで拡張（注2）。 注1：重油等についてはその後、再び既存エネルギー税の課税対象に追加されている。 注2：政府提案ではこれらの他、プロセス産業にまで拡張する内容が盛り込まれていたが、採択されなかった。代わりに、国内排出量取引制度の導入が検討されることとなった。
主な減免措置	<特定の燃料に対する措置> ・天然ガスには50%の軽減税率を適用、ピートには17%の軽減税率を適用。 <産業部門に対する措置> ・鉱業、製造業 [industrial manufacturing and processing of goods]、温室園芸業には電力消費税を軽減。 <用途による減免措置> ・原料用燃料は非課税。 ・発電用燃料は非課税。 <環境配慮に対する措置> ・コージェネレーション、風力及び木材燃料等による発電には還付措置あり。 ・鉄道で消費される電気は非課税。	<産業部門に対する措置> ・製造業、農林業、養殖業には35%の軽減税率を適用。 ・課税額が一定額を超過する場合に超過分について軽減。 ・製造業、農林業、養殖業への熱を供給する熱供給者は炭素税の65%が還付。 <用途による減免措置> ・金属加工過程、鉱物油、石炭、石油コークス、セメント、褐炭、ガラスなどの生産過程で用いられるものに対する軽減。 ・発電用燃料は非課税。 <環境配慮に対する措置> ・ガソリン以外の鉄道運輸用燃料については軽減措置。	<産業部門に対する措置> ・国際航空部門には軽減措置。国内航空部門、国際海運部門は非課税。 ・遠洋漁業部門、近海漁業には軽減措置。 ・紙パルプ産業、魚肉加工産業への軽減措置。 ・供給船 [supply fleet] への軽減措置。 <用途による減免措置> ・セメント製造業・加工産業で使用される石炭及びコークスは非課税。 <環境配慮に対する措置> ・環境配慮に対する軽減税。 ・鉄道は非課税。 <その他> ・本土消費の天然ガスは非課税。
税収の使途	一般財源（所得税減税の原資として活用）	一般財源（所得税等の減収分に活用）	一般財源

出典：横山 (2002) より6ヵ国を抜粋し、記述の仕方を一部変更して掲載。

［表7－1］欧州における環境税制改革の主な内容（続き）

	デンマーク	オランダ	ドイツ
導入の経緯	・1992年：炭素税 [CO₂-tax] を導入。課税標準は炭素含有量。	・1990年：一般燃料税 [general fuel charge、後のgeneral fuel tax]（4種類の環境課徴金を1988年に統合したもの）の課税標準の一部として炭素含有量を導入。 ・1992年：一般燃料税の課税標準を炭素／エネルギー要素に変更。課徴金 [general fuel charge] から税 [general fuel tax] への形態の変更に伴い、収入は一般財源に移行。 ・1996年：小規模エネルギー規制税 [regulatory energy tax] を導入。課税標準は炭素／エネルギー要素に依存。	・1999年：第1次環境税制改革を実施。既存のエネルギー税である鉱油税 [mineral oil tax] に税率を上乗せするとともに、それまで課税対象となっていなかった電気に対して電気税 [electricity tax] を新設。 ・2000年：第2次環境税制改革を実施。1999年の上乗せ税率を決定した第1次環境税制改革に続き、2000年から2003年まで鉱油税及び電気税の段階的税率引き上げを行い、2003年1月1日に暫定的目標税率に到達する。
主な減免措置	＜産業部門に対する措置＞ ・産業部門には軽・重工程の違いとエネルギー効率改善に関する政府との協定の有無により異なる税率を適用（注3）。税率は1996～2000年まで段階的に上昇。 ＜用途による減免措置＞ ・転換部門の石炭消費は非課税。 ・発電用燃料は非課税。 注3：当初産業部門は非課税とされていたが、1993年に50%の軽減税率（エネルギー多消費産業には35%）で課税が開始された。工程別及び協定の有無別の税率設定措置は1996年に導入された。	○一般燃料税 ＜産業部門に対する措置＞ ・天然ガスの大量消費者はエネルギー要素分について軽減税率を適用。 ○エネルギー規制税 ＜産業部門に対する措置＞ ・温室園芸業で用いる天然ガスは非課税（別途、エネルギー効率改善に関する協定を政府と締結済み）。 ＜環境配慮に関する事項＞ ・地域熱供給、発電用の天然ガス、再生可能エネルギーによる発電は非課税。 ＜規模による措置＞ ・天然ガス、電力消費は、課税対象の下限を設定（消費量をゼロにすることができないため、小規模エネルギー消費者のそれぞれ6%、5～10%がこの措置により課税対象外となる）。	＜産業部門に対する措置＞ ・零細製造業、農林業に対する軽減措置（鉱油税引き上げ分の80%に相当する払い戻る等）。 ・2MWまでの自家発電について非課税。 ＜環境配慮に対する措置＞ ・月間稼働率70%を超えるコージェネレーションは、鉱油税が非課税。 ・1999年12月31日以降に設置された高効率複合サイクルガスタービン発電は、鉱油税がこのうち10年間全て非課税。 ・再生可能エネルギー発電による電気は電気税が非課税。 ・鉄道で消費される電気は50%の軽減税率適用。公共交通機関で消費される燃料油に対する軽減税適用（鉱油税引き上げ分について軽減）。 ＜用途による減免措置＞ ・発電用燃料は鉱油税引き上げ分が免除。 ＜低所得者への配慮＞ ・使用蓄電式暖房（低所得者層での使用が多い）については50%の軽減税率適用（電気税）。
税収の使途	一般財源（産業部門からの税収は、雇用者の社会保険料負担の軽減、中小企業用補助金、省エネ投資補助等として産業部門に還元）。	○一般燃料税：一般財源 ○エネルギー規制税：他の税の軽減や省エネ等に対する財政的措置を通じて、納税額に応じて課税対象部門（家庭及びビジネス）に還元。	○雇用者、被雇用者両方の年金保険料負担の軽減に使用。一部は再生可能エネルギーの普及等環境対策に使用。

たらす可能性があるといわれています（OECD, 2001）。二重の配当が本当に
実現するのかどうかについては研究が進められているところですが，特に欧
州諸国の事例に関する事後的評価は重要な示唆を与えてくれるものと思われ
ます。

　表7－1にもあるように，欧州諸国で導入された炭素税については，特定
の産業部門に対して軽減税率を適用したり，エネルギーの用途によっては非
課税にしたりするなど，減免措置がとられているという共通点が指摘できま
す（横山，2002）。したがって，発生源に対して適用される税率は一律ではな
いので，限界削減費用の均等化という状況は実現していないことになりま
す。このような減免措置がとられている背景には，CO_2排出削減を実現する
ために必要な炭素税率を一律に適用しようとすると，産業部門の負担が非常
に大きくなってしまい，国際競争力が低下しかねないという懸念があると考
えられます。欧州諸国の事例は，実際に環境税を導入しようとする際にはそ
うした分配影響への配慮がどうしても必要になる，ということを示唆してい
るのかもしれません。しかし，そのような配慮のために適用される税率に格
差が生じるならば，環境税のメリットである費用効率性を損なうことにつな
がってしまうのです。

　今後，環境税が導入される領域が拡大していくならば，環境税によって政
府が得る税収は大きな規模になっていくと予想されます。そうすると，税収
の使途をどのようにするかという課題はより重要な論点になっていくでしょ
う。その際，欧州で実施されている環境税制改革は，1つの指針を示すもの
として捉えることができます。すなわち，労働・資本課税を中心とするこれ
までの税制から，環境汚染あるいは自然資源利用に対する課税を大幅に組み
込んだ租税体系に転換していくということです。これは，今後の税制はどう
あるべきかという課題を検討する際に参考とすべき方向性を示すものといえ
るでしょう。

3　米国におけるSO_2排出許可証取引制度

● 制度の概要と政策形成過程

　米国では，1990年の大気清浄法改正法（Clean Air Act Amendments）によって酸性雨対策プログラムが規定されました。このプログラムでは，酸性雨の原因物質であるSO_2と窒素酸化物（NOx）の総量を削減するために，発電所を規制対象としてSO_2とNOxの年間排出量の削減目標が設定され，SO_2削減のための政策手段として排出許可証取引を活用することが定められました。

　SO_2排出許可証取引制度の概要は次のとおりです。SO_2削減のスケジュールは，1995〜99年の第1段階（フェイズⅠ）と2000年以降の第2段階（フェイズⅡ）に分けられています。フェイズⅠでは主として中西部に立地するSO_2排出量の多い発電所が規制対象とされており，フェイズⅡで規制対象となる発電所はハワイとアラスカを除く米国の全体に広く立地しています。各発電ユニットは毎年，取引が可能な排出許可証を無償で配分されます[1]。発電ユニットごとの基本的な配分量は，フェイズⅠおよびフェイズⅡにおける燃料消費量当たりの許容排出量（許容排出率）に過去の燃料消費量の実績値を乗じて決められます[2]。また，許可証総量の2.8％は，米国環境保護庁が開催するオークションを通じて配分されます。ある年に獲得した排出許可証が実際の排出量を上回っていれば，余剰の許可証が生じることになりますが，これについては売却せずに次年以降に利用するために保有（すなわちバンキング）しておくこともできます。

　酸性雨対策プログラムの政策形成過程では，地域的な利害の対立がみられました。例えば，SO_2排出量の多い発電所が立地する州や硫黄含有量が多い石炭（高硫黄炭）を産出する州を抱える中西部にとっては，このプログラムの導入が実現すると，排出削減に伴う大きな費用負担や石炭業への経済的打

撃が懸念されました。米国議会における法案審議の過程では，中西部が被ると予想されるこうした経済的影響への配慮がなされない限り，中西部諸州から選出された連邦議会議員が酸性雨対策プログラムの導入に合意することは困難な状況にありました。そこで，北東部諸州選出の議員をはじめとする酸性雨対策推進派は，中西部諸州に対して（基本的な配分量とは別に）排出許可証を追加的に配分する規定や，発電所から排出されるガスに含まれる SO_2 を大幅に削減できる（したがって高硫黄炭を利用し続けることを可能にする）排煙脱硫装置の設置を促進する規定を盛り込むことで，中西部諸州選出の議員の合意をとりつけることにしたのです。排出許可証を追加的に配分する規定に関しては，酸性雨対策プログラムが経済成長を阻害する要因になることを懸念する西部諸州を対象とするものも盛り込まれました。このように，酸性雨対策プログラムがもたらす分配影響については，排出許可証の配分を通じて政治的な調整が図られたのです[3]。

● 排出許可証取引の機能

　1990年に大気清浄法改正法が成立して SO_2 排出許可証取引の導入が決まると，当然のことながら発電事業者は対応を迫られることになりました。酸性雨対策プログラムの SO_2 規制を遵守するためにどのような対策手段を用いるかを判断する際の重要な指針となるのが，排出許可証価格に関する事前の予想です。フェイズⅠにおける排出許可証価格については，SO_2 1トン当たり250〜350ドルという予測値が示されていました（Joskow, et al., 1998）。しかし，取引が開始されると，図7－1に示すように実際の価格はこの予測値を下回り，フェイズⅠに入ると排出許可証の価格はさらに低下していったのです。

　排出許可証がこのような価格動向を示した背景については，次のように説明されています。それぞれの発電事業者は，上で述べた排出許可証価格に関する予測値に基づいて遵守計画を策定したため，高硫黄炭よりも価格は割高

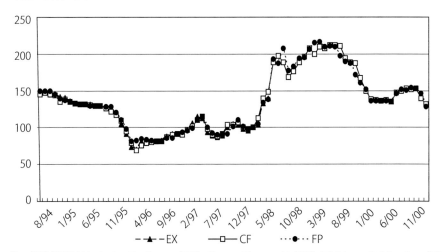

図7−1　SO₂排出許可証価格の推移

単位：ドル／トン

注：価格情報は Emission Exchange (EX), Cantor Fitzgerald (CF), Fieldston Publications (FP)
　　による。横軸の目盛は，月／年を表す。
出典：EPA ウェブサイト "Monthly Average Price of Sulfur Dioxide Allowances"（http://
　　www.epa.gov/airmarkets/trading/so2market/pricetbl.html ［accessed July 11, 2001]）
　　に基づき作成。

ではあるけれども硫黄含有量が少ない石炭（低硫黄炭）を購入したり，排煙
脱硫装置を設置したりするなどの対応をとりました。このことが SO₂ 排出
削減を進展させることになり，フェイズ I が始まると，排出許可証に対する
需要は事前に予想されたほどの大きさではないことが明らかになりました。
この結果，排出許可証価格は大きく下落することになったのです（Ellerman,
1998）。

　フェイズ I に入って下落する排出許可証価格をみて，発電事業者は遵守手
段としてこれを利用することを考えるようになりました。すなわち，割高な
低硫黄炭から硫黄含有量が多めの石炭に切り替えて燃料費を抑え，それに伴
う SO₂ 排出量の増加への対応として排出許可証を購入することで，遵守費
用の抑制を図ったのです。また，発電事業者によるもう 1 つの行動として，

許容排出率が厳しくなるフェイズⅡでの遵守に備えて排出許可証のバンキングが行われたことも指摘されています（Ellerman, 1998）。こうしたことから，図7-1に示されるように，排出許可証価格は底を打ち，フェイズⅡに向けて次第に上昇するようになっていったのです。

　以上のように，排出許可証取引が導入されたことで発電事業者は遵守手段の選択を柔軟に行えるようになりました。発電事業者にとっては，排出削減を目的とする燃料転換や対策技術の導入だけでなく，排出許可証の活用という選択肢も存在しており，遵守費用を最小化するようにこれらを組み合わせるという対応がとられるようになったのです。遵守手段選択におけるこのような柔軟性は，環境目標達成の費用効率性にとって非常に重要な要素であるといえるでしょう。

　では実際にSO_2排出許可証取引によってどれだけの費用節減効果が得られたのでしょうか。これについてはいくつかの推計がありますが，ここではKeohane（2006）を参考にします。この論文では，フェイズⅠにおいて排出許可証取引がもたらした費用節減効果の推計がなされており，表7-2にはその分析結果の一部が示されています。費用節減効果を考える場合，比較の

表7-2　SO_2排出許可証取引の費用節減効果

	SO_2排出許可証取引の下での削減費用	①〜④のそれぞれの場合の削減費用	費用節減効果
①一律の排出率基準	747	900	17%
②技術基準（排煙脱硫装置の設置義務）	747	2,555	71%
③排出許可証取引の場合の理論上の最小削減費用	747	315	− 135%
④一律の排出率基準の下での最小削減費用	747	546	− 37%

注：削減費用は年平均の数値（単位は100万ドル）であり，1995年のドル価値で換算されている。
出典：Keohane（2006）より一部省略・修正して掲載。

対象となる状況，すなわち排出許可証取引が導入されなかった場合の環境政策をどのように想定するかが重要になります。ここでは直接規制が採用された状況を想定しています。具体的には，①規制対象となる発電ユニットに対して一律の排出率基準が設定された場合と②排煙脱硫装置の設置が義務づけられた場合（技術基準）を考えます。また，表中には③排出許可証取引の場合の理論上の最小削減費用と④一律の排出率基準の下での最小削減費用についても示しています。

　表 7 - 2 にあるように，フェイズ I において排出許可証取引がもたらした費用節減効果については，一律の排出率基準の場合と比較すると 17%，技術基準の場合と比較すると 71% という結果が得られています。このことから，排出許可証取引の導入は SO_2 排出削減の費用効率性という点で一定の効果があったといえそうです。なお，排出許可証取引の下での実際の削減費用は，この政策手段が理想的に機能した場合の最小削減費用の 2 倍を超えており，また一律の排出率基準の下での最小削減費用さえも上回っています。このような結果になった要因としては，先にも述べたようにフェイズ I の開始以前に発電事業者が選択した遵守手段が非効率であったことや，取引市場が効率的に機能するようになるまでに時間を要したことなどが考えられるでしょう。

4　EU における温室効果ガス排出権取引

　EU は，CO_2 を対象とした排出権取引（EU-ETS）を 2005 年に開始しました。これは温室効果ガスの排出削減を目的として世界で初めて構築された国際的排出権取引制度です。以下では，EU-ETS が導入されるに至った経緯，制度概要および近年の展開について解説します。

● EU-ETS 導入の経緯

EU に加盟する国々は，京都議定書において 1990 年比で－8％という温室
効果ガス削減の数値目標を設定されました。EU は，京都議定書第4条（複
数の国が数値目標を共同で達成することを認める条項）を活用して加盟国全体で
目標達成を図るというアプローチを採用し，表7－3に示すような削減義務
分担に関して 1998 年6月に合意しました。一方，京都議定書に規定された
排出権取引に対する EU の当時の認識は，あくまでも先進国が国内で行う削
減活動を補完する役割を担うにすぎない，というものでした（京都議定書は，

表7－3　EU15ヵ国の削減義務分担と2001年における削減の進展状況

加盟国	2001 年の排出量変化率 （基準年比：％）	削減義務分担 （％）
オーストリア	9.6	－ 13.0
ベルギー	6.3	－ 7.5
デンマーク	－ 0.2	－ 21.0
フィンランド	4.7	0.0
フランス	0.4	0.0
ドイツ	－ 18.3	－ 21.0
ギリシャ	23.5	25.0
アイルランド	31.1	13.0
イタリア	7.1	－ 6.5
ルクセンブルク	－ 44.2	－ 28.0
オランダ	4.1	－ 6.0
ポルトガル	36.4	27.0
スペイン	32.1	15.0
スウェーデン	－ 3.3	4.0
イギリス	－ 12.0	－ 12.5
EU15ヵ国	－ 2.3	－ 8.0

注：基準年については，CO_2，メタン，一酸化二窒素は 1990 年，HFCs，PFCs，SF_6 は 1995
　年である。また温室効果ガスについては CO_2 換算したうえで排出量の変化率を計算してい
　る。
出典：European Environment Agency（2004）*Analysis of Greenhouse Gas Emission Trends
and Projections in Europe 2003*, EEA Technical Report No.4 に基づき作成。

排出権取引に関して，数値目標を達成するための「国内的な行動に対して補完的なものでなければならない」と規定しています）。

　こうして EU は，8%削減という数値目標を加盟国が共同で達成することに向けて行動していくことになりました。表 7 － 3 には，EU15ヵ国の 2001年時点での削減の進展状況が示されています。これをみると，当時の EU 加盟各国の排出削減については，ドイツとイギリスを除いて順調とはいいがたい状況にあったことがうかがわれます。

　このような状況の中で，いくつかの EU 加盟国による独自の排出権取引制度導入の動きがみられました。これを受けて欧州委員会は，各国の制度の継ぎ接ぎによって EU レベルの排出権取引制度が構築されると域内市場に歪みをもたらす懸念があることから，EU 域内で統一的に排出権取引を導入する必要があると認識するようになりました。そして 2000 年，欧州委員会は「EU 域内の温室効果ガス排出権取引に関するグリーン・ペーパー」を発表し，この中で EU-ETS につながる制度のアイディアを示しました。その後，閣僚理事会や欧州議会での議論を経て 2003 年に EU 排出許可証取引指令が発効され，この指令に基づいて EU-ETS が導入されました。

● EU-ETS の制度とその展開

　EU-ETS では，2005 ～ 07 年の第 1 期（フェイズⅠ），2008 ～ 12 年の第 2期（フェイズⅡ），2013 ～ 20 年の第 3 期（フェイズⅢ）が設定されており，2021 年からは第 4 期（フェイズⅣ）が始まっています。EU-ETS の地理的範囲は，フェイズⅠ開始当初は EU 加盟国である 25ヵ国でしたが，その後加盟国が増えたことや，ノルウェーやアイスランドなどがこの制度に参加したことによって，次第に広がっていきました。また，EU-ETS の対象となるのは，フェイズⅠでは 20MW 以上の燃焼施設や，鉄鋼，石油精製，紙・パルプ，窯業などの施設でしたが，その後徐々に対象が拡大され，2012 年から航空部門が，フェイズⅢからはアルミニウムや化学が含まれるようになりま

した。規制されるガスについても，EU-ETS 開始当初は CO_2 のみでしたが，フェイズⅢからは特定の製造工程から排出される一酸化二窒素や PFC も対象とされました。

　EU-ETS の対象となる事業所には排出許可証（EU Allowance：EUA）が配分されます。EUA を 1 単位保有すると CO_2 換算で 1 トン排出することができます。なお，本章第 2 節で欧州諸国における炭素税導入について取り上げましたが，EU-ETS の対象となる企業に対しては，CO_2 排出に関して二重の負担が生じることを回避するために炭素税を免除するなどの措置がとられています。フェイズⅠとフェイズⅡでは，EUA の多くが無償で配分されました（フェイズⅠは最大 5%，フェイズⅡは最大 10%をオークションによって配分することができると定められていました）。また，フェイズⅠとフェイズⅡにおける EUA の初期配分量は，EU 加盟各国の策定する国別配分計画（national allocation plan：NAP）で設定されました。このような配分方法では，各国政府が自国内の EU-ETS 対象事業所に EUA をどれだけ割り当てるかを決めることになります。そのため，各国政府の裁量の余地が大きいことや，国内の産業界からの政治的圧力が許可証の配分に影響しうることが問題視されました。こうした問題点は，配分される EUA の総量が過剰に膨らむことにつながる懸念があります。実際，フェイズⅠにおける EUA の配分量に関しては，ほとんどの国が基準年の排出量を超過していました（浜本，2008）。

　フェイズⅠにおける EUA の過剰な配分は，EUA の取引市場の動向にも影響しました。フェイズⅠの 2 年目に当たる 2006 年，EU-ETS に参加する国の 2005 年の排出量実績が公表され，配分された許可証の総量が実際の排出量を上回っていたことが判明しました。これにより EUA が供給過剰であることが明確となり，EUA 価格は急落したのです。図 7 − 2 は，2005 〜 09 年の EUA 価格の推移を示しています。これをみると，2006 年に価格が大きく下落していることがわかります。

　EU-ETS のいわば試行期間としてのフェイズⅠと京都議定書第 1 約束期間

図 7 - 2　EUA 価格の推移（2005 〜 09 年）

―― フェイズ I（2005-2007）　―― フェイズ II（2008-2012）

出典：Environmental Audit Committee（2010）*The Role of Carbon Markets in Preventing Dangerous Climate Change*, House of Commons, UK.

　に対応するフェイズ II での経験を踏まえて，フェイズ III では次のような制度変更がなされました。EUA の総量については，各国が作成する NAP を通してボトムアップ的に決まるのではなく，欧州委員会が EU 全体で排出上限（キャップ）を設定するというトップダウン的な方法で決められることになりました。また，固定施設に対するキャップについては，図 7 - 3 に示すように段階的に厳しくしていくことが定められました。加えて，オークションを通して有償で配分される EUA の割合を段階的に拡大していくこととされました。

　フェイズ II に入ると，EUA 価格は 2008 年にピークを迎えた後に下落しました。この価格下落の要因は，リーマン・ショックを契機とする世界的な金融危機の影響により欧州諸国の景気が悪化したことにあります。2013 年以降の EUA 価格は，図 7 - 4 に示すように 5 ユーロ前後の水準で低迷する状況が続きました。このように EUA 価格が低い水準で推移することに関して

122

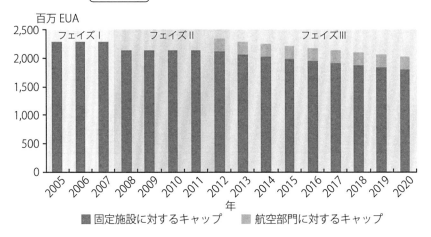

図7－3　EU-ETS で設定されたキャップの推移

出典：European Union（2015）*EU ETS Handbook*.

図7－4　フェイズⅡ以降の EUA 価格の推移

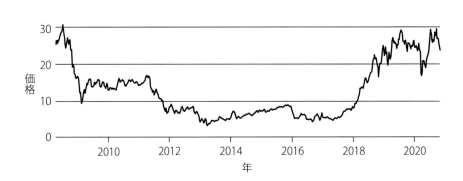

注：データの期間は 2008 年 4 月 7 日から 2020 年 10 月 30 日。価格はユーロ／CO_2換算トン。
出典：Ember ウェブサイト（https://ember-climate.org/data/carbon-price-viewer/）。

は，排出削減のインセンティブを与えるという EU-ETS 本来の機能に支障を来すという点が懸念されました。

そこで欧州委員会は，価格安定化に向けた方策として「市場安定化リザーブ（Market Stability Reserve）」と呼ばれる仕組みを考案しました。これは，余剰となっている EUA の量に応じてオークションで売却する EUA をコントロールするというものです。この仕組みにより，EUA の取引市場における需給バランスが改善することが期待されました。図 7 － 4 をみると，市場安定化リザーブが導入される 2019 年に向けて EUA 価格が大幅に上昇している様子がみてとれます。

排出権取引という政策手段では，CO_2 などの廃物の捨て場として環境を利用する際の対価である排出権価格が，取引市場における需給関係により変動することになります。排出権に対する需要は，その時々の経済情勢などの影響を受けるので，場合によっては排出権価格の低迷（あるいは高騰）が長く継続することもありえます。こうした排出権価格の動きは，排出削減に向けたさまざまな活動に遅滞をもたらす可能性があります。これまでの EU-ETS の経験は，このような課題に対処するためにいかなる制度的仕組みを用意すべきかについて示唆するところが大きいといえるでしょう。

5　ポリシー・ミックス

環境政策手段の選択をめぐっては，複数の政策手段の組み合わせ，すなわちポリシー・ミックスが環境改善や効率性の面でどのような効果をもたらすのか，という論点があります。例えば OECD（2006）は，直接規制，排出権取引，環境ラベリング，自主協定などといった政策手段と環境税との組み合わせに関して議論しています。環境政策におけるポリシー・ミックスについては，ある政策手段を単独で用いる場合の短所を他の政策手段との併用によって補うことができるという利点がしばしば指摘されます。しかし，ある

政策手段を組み合わせることで，他方の政策手段が持つ本来の機能が損なわれてしまう場合も考えられます。複数の政策手段をどのように組み合わせれば効果的なのかを明らかにすることが，環境政策の制度設計にかかわる重要な研究領域の1つになっています。

　ここで，日本とドイツの事例を取り上げながら，実際にポリシー・ミックスがどのように行われているかをみてみましょう。

● 日本における産業公害対策

　1960〜70年代の日本において深刻化する産業公害に対処するために実施された環境政策では，汚染物質の排出に対する直接規制と公害防止投資を促進するための助成措置とが組み合わされていました（寺尾，1994）。1967年に成立した公害対策基本法では，事業者による公害防止施設の整備に関して，必要な金融・税制上の措置を講じることが規定されていました。金融面での措置としては，財政投融資の仕組みを用いた低利融資が行われました。これを担ったのは，日本開発銀行（現在の日本政策投資銀行）や中小企業金融公庫（現在は日本政策金融公庫に統合）といった政府系金融機関などです。また税制面では，税の減免措置や，課税の繰り延べという効果を持つ特別償却などが用いられました。こうした金融・税制上の措置をとることで，公害防止にかかわる企業の費用負担が緩和され，それを通じて直接規制の遵守が促進されたと考えられます。仮に以上のような助成措置がなかったとしても，目標とされる環境質の達成は，規制当局が直接規制を厳格に運用するならば担保されたかもしれません。しかし当時の日本では，環境質の改善を早急かつ確実に実現するために，企業への分配影響を緩和することを目的とした助成措置が採用されたのです。以上のような日本の環境政策は，直接規制を補完する機能を持つものとして助成措置が併用された事例として捉えることができるでしょう。

● ドイツにおける排水課徴金

　ドイツでは，1976 年に制定された排水課徴金法に基づき，1981 年より排水課徴金が実施されました。この制度は，工場や公共下水処理場などから排出される汚染1単位に対して課徴金を設定し，これを州政府が徴収するというものです。排水課徴金は当初，第6章で解説したボーモル＝オーツ税をモデルとして構想されていました（諸富，2000）。しかし，実際に導入された排水課徴金は，以下で説明するようにボーモル＝オーツ税とはまったく異なる仕組みになったのです。

　ドイツの排水対策に関しては，排水課徴金とは別に，連邦政府が設定する最低要求基準という直接規制が存在しています。この基準は，実態としては強制力を持ったものとはなっておらず，一種の指針値としての性格を有しているといわれています（岡，1997）。一方，導入された排水課徴金は，いかなる排出量水準であっても一律の料率を適用するというものではなく，最低要求基準を満たしている場合には割り引かれた料率を適用するという仕組みになっていました。そうした料率構造の下では，ボーモル＝オーツ税の利点であるはずの各発生源の限界削減費用の均等化は一般に実現しません。

　では，このような排水課徴金にはどのような意味があるのでしょうか。それは，連邦政府による最低要求基準の達成を促すという点に見出せるでしょう。ある発生源が（割引のない）通常料率のみを考慮して合理的に選択した排出量が最低要求基準を超えていたとしましょう。このとき，最低要求基準を満たすために必要な削減費用と，これを満たした場合に適用される割引料率の下での課徴金支払額の合計が，最低要求基準を超えて排出する場合の課徴金支払額よりも小さいならば，この発生源は自ら最低要求基準まで排出量を削減し，割引料率の適用を受けることを選択すると考えられます（岡，1997）。以上のことから，ドイツにおける排水課徴金は，最低要求基準の達成を支援するという意味で，直接規制を補完する機能を持っているということができるでしょう。

　当初ボーモル＝オーツ税として構想されていた排水課徴金が上記のような料率構造を持つようになった背景には，課徴金によって分配影響を被る発生源の抵抗があったといわれています（岡，1997）。本来，排水課徴金に期待される機能は，汚染削減を費用効率的に実現するという点にあったのですが，政策形成過程において分配影響の緩和に対する要請が生じたために，結果としてその本来の機能を損なうような制度設計がなされたと考えられます。

● 分配影響への対応とポリシー・ミックス

　以上の日本とドイツの事例や，本章第2節・第3節でみた欧州の環境税制改革および米国SO_2排出許可証取引の事例からうかがわれるのは，環境政策の導入に際して規制当局は現実問題として分配影響にいかにして対応するかという課題に直面せざるを得ないということです。環境政策が導入されると，遵守を迫られる企業にとっては対策費用の負担が発生することは避けられません。環境政策の導入がもたらすこうした分配影響が無視できない大きさであると予想される場合には，産業界などの抵抗により政策の導入そのものが政治的に困難になる可能性があります。そのため，環境政策の制度設計に際しては，分配影響への配慮がどうしても必要になる場合が少なくありません。

　特に，炭素税など温室効果ガスの排出削減を目的とした政策手段が本格的に導入されるようになると，産業界の負担は大きくなると予想されます。そのため，地球温暖化対策では，ポリシー・ミックスを活用しながらさまざまな制度設計上の工夫が試される必要があるように思われます。また，そのような工夫が実際にどの程度有効であったのかを事後的に検証することにより，地球温暖化対策の制度設計にかかわる新たな知見が得られるものと期待されます。

【注】

1）日本の電力産業と異なり，米国には多くの発電事業者が存在しているので，電力市場は競争的な環境にあります。

2）許容排出率は，フェイズ I よりもフェイズ II の方が厳しい数値に設定されています。

3）酸性雨対策プログラムの政策形成過程に関する詳細については，拙著（2008）を参照してください。

第 7 章の演習課題

　日本や米国，欧州諸国の環境政策においてこれまでどのような政策手段が採用されてきたかを調べ，その成果について議論してみましょう。

米国 SO_2 排出許可証取引制度に対する評価

　汚染物質の排出総量に上限を設定し，その量に相当する排出権を規制対象となる企業などに割り当てたうえで，排出権の余剰分を売却したり不足分を購入したりすることを認めるという排出権取引の方式はキャップ・アンド・トレードと呼ばれます（ちなみに，排出権取引の方式にはベースライン・アンド・クレジットというものもあります。これは排出削減プロジェクトを実施し，それがなかった場合と比較して算定される排出削減分をクレジットとして獲得するという仕組みです）。1990 年代より米国で実施されている SO_2 排出許可証取引制度は，キャップ・アンド・トレードの成功事例であるといわれることがあります。ただし，この制度がもたらした成果については，慎重な見方も示されています。

　石炭火力発電所にとって，高硫黄炭から低硫黄炭への転換は SO_2 排出量を削減するための主要な手段です。その低硫黄炭が採掘される場所の 1 つに，米国北西部のワイオミング州とモンタナ州にまたがるパウダーリバー盆地（Powder River Basin：PRB）があります。PRB は採掘費用が安いのですが，主たる市場から遠いために輸送費用が高くつくという欠点がありました。ところが，1980 年のスタッガース鉄道法（Staggers Rail Act）を契機とする鉄道輸送における競争促進によって PRB からの輸送費用が低下したことから，発電事業者による PRB 産低硫黄炭の利用が拡大していったのです。Ellerman, et al. (2000) は，酸性雨対策プログラムの下で 1995 ～ 97 年の間に実現した SO_2 排出削減分のうち，約 3 分の 1 が鉄道規制緩和に伴う PRB 産低硫黄炭の普及によるものであると推計しています。このように，実は環境問題とは無関係な公共政策が SO_2 排出削減に大きく寄与していたのです。

　SO_2 排出許可証取引制度が導入された目的は，酸性雨によって被害を受けた生態

系を回復することにありました。ただし，SO_2 排出は健康被害をもたらす微小粒子状物質（PM2.5）を発生させることにもなります。したがって SO_2 を削減することは，生態系の回復と同時に健康被害の抑制にもつながります。Schmalensee and Stavins（2013）は，1990 年大気清浄法改正法で規定された酸性雨対策プログラムに関して費用便益分析を行ったいくつかの研究の結果から，このプログラムの社会的便益は年間 590 億〜 1,160 億ドル，費用は年間 5 億〜 20 億ドル（いずれも 2000 年のドル価値で換算）と推計されるとしています。しかし，この便益のうち生態系回復にかかわる部分は 5 億ドルにすぎず，そのほとんどが健康被害の抑制（特に死亡率の低減）によるものであると指摘されています。このように本来の目的であるはずの生態系回復の便益が小さい理由については，酸性雨によって受けた被害から生態系が回復するにはかなり長い期間を要するということが挙げられています。以上のように，酸性雨対策プログラムの経済性に関しては，所期の目的である生態系回復の便益はこのプログラムの費用を下回っている可能性が高いけれども，健康被害の抑制といういわば副次的効果を考慮すると費用をはるかに上回る便益が発生している，という評価がなされているのです。

　米国では，2000 年代に入ってから，酸性雨被害の回復とともに健康被害の防止も重要な課題として論じられるようになり，SO_2 や NOx などの大気汚染物質の排出を大幅に削減することを目的とした法案が提出されました。しかし，議会ではそれらの法案の審議が進まず，大気質を改善するための新たな法律の制定には至りませんでした。そうした中，環境保護庁は，東部諸州の発電所から排出される SO_2 および NOx を 1990 年大気清浄法改正法の枠組みの下で追加的に削減することを目的として，クリーン・エア州際規則（Clean Air Interstate Rule：CAIR）を 2005 年に策定しました。この規則は，SO_2 の目標排出量を達成するために，酸性雨対策プログラムで実施されている SO_2 排出許可証取引を活用することを定めました。CAIR によって SO_2 の排出総量に厳しい上限が課せられたことで SO_2 排出許可証に対する需要が高まったため，許可証価格は上昇していきました。さらに，石炭を運搬する鉄道の脱線事故により PRB 産低硫黄炭の供給に制約が生じたり，ハリケー

ンの襲来により天然ガス生産施設が被害を受けたことを背景に石炭火力発電への依存度が高まったりしたこともあって，SO_2 排出許可証の価格は，2005 年末には 1 トン当たり 1,600 ドルを超えるほどにまで高騰しました（Burtraw and Szambelan, 2009 ; Parsons, et al., 2009）。

しかし，CAIR をめぐっては，その内容に不満を抱く州政府や産業界から環境保護庁に対して訴訟が提起され，コロンビア特別区巡回区控訴裁判所はこの規則を無効とする判断を示しました。こうした訴訟の動向を受けて，排出許可証価格は急落していきました。環境保護庁は，CAIR に代わるものとして州間越境大気汚染規則（Cross-State Air Pollution Rule：CSAPR）を 2011 年に策定しました。この規則における SO_2 排出削減プログラムでは排出権取引を活用することが定められましたが，そこでは酸性雨対策プログラムの SO_2 排出許可証は使用できないとされました（Schmalensee and Stavins, 2013）。図は，1994 〜 2012 年における SO_2 排出

図　SO_2 排出許可証価格の推移

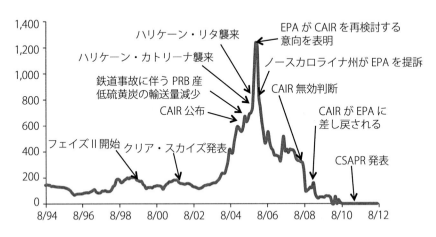

注：図に示されているのは 1 トン当たりの価格であり，1995 年のドル価値で換算されたものである。横軸は月／年を表す。なお，EPA は環境保護庁，CAIR は "Clean Air Interstate Rule"，CSAPR は "Cross-State Air Pollution Rule" を意味する。
出典：Schmalensee and Stavins（2013）より一部省略・修正して掲載。

許可証価格の推移を示したものです。この図には，上で説明したような価格変動を
もたらした諸要因もあわせて記載されており，それらが排出許可証価格の高騰や急
落を招いた様子をみてとることができます。

　SO_2 排出許可証取引は，CSAPR の策定によって，SO_2 排出削減にかかわる規制
を遵守する手段としての役割をほぼ終えることになったといえるのかもしれません。
ただし，その経験から，排出権取引市場はどのように機能するのか，規制対象と
なった企業は遵守に向けていかなる行動を示すのか，技術革新に対してどのような
影響を及ぼすのかなど，キャップ・アンド・トレードに関して多くの知見が得られ
たことは間違いないでしょう。

参考文献

　　Burtraw, D., and S. J. Szambelan (2009) "U.S. emissions trading markets for
　　　　SO_2 and NO_x," Discussion Paper 09-40, Resources for the Future.

　　Ellerman, A. D., P. L. Joskow, R. Schmalensee, J.-P.Montero, and E. M. Bailey
　　　　(2000) *Markets for Clean Air : The U.S. Acid Rain Program*, Cambridge
　　　　University Press.

　　Parsons, J. E., A. D. Ellerman, and S. Feilhauer (2009) "Designing a U.S.
　　　　market for CO_2," MIT Joint Program on the Science and Policy of Global
　　　　Change, Report No. 171.

　　Schmalensee, R., and R. N. Stavins (2013) "The SO_2 allowance trading
　　　　system : The ironic history of a grand policy experiment," *Journal of
　　　　Economic Perspectives*, Vol. 27 (1), pp. 103-122.

第 8 章

地球温暖化と国際協調

気候変動枠組条約第15回締約国会議が開催されたコペンハーゲンの風景
（著者撮影）。ポスト京都議定書の交渉が進展しないまま，この会議は失望感に
包まれながら終了した。

1 地球環境問題と国際協調

越境大気汚染や森林破壊，砂漠化，生物多様性損失，気候変動など，発生源や被害が国境を越えて広がっている環境問題は少なくありません。このような問題に対処するためには，環境資源の過剰な利用を抑制するための国際ルール（国際環境協定）を取り決める必要があります。しかし，そのために行われる国際交渉がスムーズに進展して早急にルール策定が実現する，というわけにはなかなかいかないのが現実です。環境を保全すること自体には賛成でも，そのための費用をどの国がどれだけ負担するのかを決める交渉では，国益を損ないかねないような国際ルールに簡単に合意するわけにはいかないというのが，各国の基本的な立場でしょう。

また，例えば大気のような環境資源は，グローバルに便益をもたらす国際公共財（あるいは地球公共財）としての性質を持っています。したがって，ある国が大気汚染対策や地球温暖化対策に取り組むことで発生する環境改善の便益は国境を越えて他国にも及ぶので，そうした対策に取り組んでいない他の国もそれを享受することができると考えられます。そのため，費用を負担せずに便益を得ようとする行動をとる主体，いわゆるフリーライダーが出てきます。各国がフリーライダーとして行動するならば，どの国も環境対策を行おうとしないので，地球環境保全を実現することが困難になってしまいます。

国際環境協定をめぐる実際の交渉では，議論される地球環境問題の性質によって，それぞれの国や地域の利害は異なってくるでしょう。そこでこの章では，地球環境問題と国際協調にかかわる課題について具体的に考えるために，地球温暖化防止の国際的枠組みをめぐる議論を取り上げることにします。

2　地球温暖化対策の国際交渉

　1992 年 5 月，気候変動枠組条約が国連総会において採択されたことにより，地球温暖化問題への国際的な取り組みの第一歩が踏み出されました。この条約は，「気候系に対して危険な人為的干渉を及ぼすこととならない水準において大気中の温室効果ガスの濃度を安定化させること」を究極的な目的としています。また，「共通だが差異ある責任」という原則の下で，気候変動を緩和するために先進国が率先して対策を行うことなどが定められています。しかし，気候変動枠組条約は各国が果たすべき具体的な義務を設定しておらず，地球温暖化防止の実効性という点で不十分な内容でした。そこで，先進国に対して削減の数値目標を課す議定書を策定することが，1995 年にベルリンで開催された気候変動枠組条約第 1 回締約国会議（COP1）において決定されました。この決定の後，議定書策定をめぐる交渉が行われ，1997 年 12 月に開催された気候変動枠組条約第 3 回締約国会議（COP3：京都会議）において，京都議定書が採択されました。

　京都議定書の採択は，地球温暖化防止の国際的枠組みの構築に向けた国際社会の努力が結実したことを印象づけました。しかし，その後の国際交渉の歩みは決して平坦ではありませんでした。2000 年のハーグ会議（COP6）では，京都議定書の運用細則についての合意をめざしたものの議論がまとまらず，翌年の再開会合まで合意は持ち越されました。その間，米国が京都議定書からの離脱を表明したことで交渉の行方が危ぶまれたのですが，再開会合でのボン合意を受け，2001 年にマラケシュで開催された COP7 において運用細則に関する正式な合意（マラケシュ合意）に至り，京都議定書は 2005 年に発効しました。

● 京都議定書とは何か

　京都議定書では，2008 〜 12 年（第 1 約束期間）における先進国（附属書 I 国）の温室効果ガス排出量を 1990 年比で 5％削減することが規定されました。同時に議定書は先進各国に対して削減の数値目標を設定し，その達成を義務づけました。この数値目標の設定は，許容される排出総量を定めたことと同義であり，これはすなわち先進各国に排出権を割り当てたことを意味しています。また，数値目標が設定された先進国は，その達成に際して，排出権取引，共同実施，クリーン開発メカニズム（Clean Development Mechanism：CDM）という排出権の国際的移転のための仕組みを活用することが認められています。つまり，先進国は自国内での削減によって数値目標を達成することが困難である場合，京都メカニズムと総称されるこれら 3 つの仕組みを通じて獲得した排出権を遵守に利用することができるのです。

　排出権取引は，自国内での削減による数値目標の達成が困難である先進国が，他の先進国で余剰となっている排出権を購入し，それを目標達成に利用することができる，という仕組みです。共同実施は，ある先進国が他の先進国において排出削減プロジェクトを実施し，それによる排出削減分を排出権として獲得するという制度です。CDM は，先進国と削減義務を負っていない発展途上国（非附属書 I 国）との間での排出権の移転にかかわる仕組みですが，プロジェクトを通じて排出削減分を得るという点では共同実施と同様のものです。CDM の場合，先進国の数値目標達成を支援することのみならず，先進国からの技術や資金の流入を通じて途上国が持続可能な発展を実現することも目的とされています。

　こうした排出権移転メカニズムを機能させるためには，規制対象となる先進国に排出権をあらかじめ配分しておく必要があります。京都議定書による削減の義務づけは，排出権の初期配分という意味を持っています。つまり，数値目標の設定は，先進各国にとっては単なる温室効果ガス排出量に対する制約ではなく，排出権という経済的価値を持つ資産の割り当てでもあったの

です。巨額の資産価値を有することにもなりうる排出権の配分をめぐる国際
交渉が（京都議定書もそうであったように）難航を極めることになるのは，想
像に難くないでしょう。

● ポスト京都議定書交渉の挫折

　地球温暖化防止の国際的枠組みをめぐっては，交渉の当初から各国・各地
域の利害が鋭く対立してきました。中国やインドなどを中心とする途上国グ
ループは，これまでに大量の化石燃料を使用してきた先進国に地球温暖化を
招いた責任があるという立場をとり，途上国に対する削減の義務づけは経済
成長を阻害することにつながるとして拒否してきました。一方，欧州には地
球温暖化対策に積極的に取り組む国も多く，国際交渉を牽引する役割を EU
が担ってきました。米国は，経済成長に伴って温室効果ガス排出量が増加す
ることが予想される途上国も削減に取り組む必要があることを強調してきま
した。また，地球温暖化によって引き起こされる海面上昇の影響を受けやす
い小規模な島や沿岸部の低地で国土が構成される国々は，小島嶼国連合
（Alliance of Small Island States : AOSIS）を設立して国際交渉の場において気
候変動の緩和に向けた取り組みを強く要請してきました。

　このような対立がある中で，先進国にのみ削減を義務づけた京都議定書に
ついては，難航はしたものの合意に至ることができました。この京都議定書
は，2013 年以降の国際的枠組み（いわゆるポスト京都議定書）をめぐる議論に
おいて，1 つの雛型となっていました。その雛型とは，削減の数値目標を設
定（すなわち排出総量を設定）し，京都メカニズムのような達成方法に柔軟性
を持たせる仕組みを導入するという方式（総量目標設定方式）です。このよう
な方式を基礎としてポスト京都議定書の国際的枠組みを構築するならば，数
値目標設定の対象を中国やインドなどの新興国や発展途上国にも拡大してい
くことに関する議論は避けられないでしょう。

　2009 年にコペンハーゲンで開催された COP15 では，ポスト京都議定書の

国際的枠組みについて議論され，合意に至るのではないかという期待がありました。しかし実際には，COP15において2013年以降の法的拘束力のある国際的枠組みに関して踏み込んだ議論はなされず，新興国への削減の義務づけはおろか，先進国の削減義務についても合意できませんでした。この交渉結果は，京都議定書のように温室効果ガス排出削減に関する国別数値目標の設定を軸に国際的枠組みを構築していくことの難しさを改めて痛感させるものとなりました。

　実は，数値目標を各国に割り当てて温室効果ガスの排出削減を進めていくことの是非や代替的な国際的枠組みのあり方をめぐっては，これまでに多くの見解が示されてきました。次の2つの節では，京都議定書のような数値目標の設定を軸とした枠組みとの比較を通じて，代替的な枠組みに関する議論を検討してみることにしましょう。

3　「価格」対「数量」の経済学

　地球温暖化防止の国際的枠組みのあり方をめぐる議論において，排出総量の設定と排出権取引などの柔軟性措置とを組み合わせる総量目標設定方式としばしば対比されるのが，国際均一炭素税方式です。排出権取引と炭素税は，ともに温室効果ガス排出に対する明示的な価格設定につながるという点では共通していますが，「数量（排出総量）」を統制するのか，「価格」を統制するのかという点で差異が存在します。総量目標設定方式と国際均一炭素税方式のどちらが地球温暖化防止の国際的枠組みとして望ましいかという問題は，経済学の観点からは，経済厚生の最大化を実現するための方策として「数量」と「価格」のどちらをコントロールすべきかを問うことを意味しています。この論点に関して理論的検討を加えたのがワイツマンです（Weitzman, 1974）。ワイツマンの議論に基づくならば，不確実性を考慮する場合，地球温暖化対策の政策手段として望ましいのは炭素税である，という結論が導かれます。

以下では，この点について簡単なモデルを用いて説明しましょう。

　地球温暖化は，長期間にわたって排出される温室効果ガスが大気中に蓄積されることで引き起こされます。したがって，地球温暖化がもたらす被害の大きさは，温室効果ガスの年間排出量ではなく過去の排出量のストックに依存します。これは，温室効果ガスの排出量を追加的に 1 単位削減しても，それがもたらす追加的な便益（回避される損害費用）はあまり変化しないということを意味しています。図 8 - 1 にある，比較的緩やかな勾配で描かれている限界損害費用曲線 MD は，このことを表現したものです。なお，この図の横軸は温室効果ガスの年間排出量を，縦軸は費用などの金額をそれぞれ表しています。また，ここでは温室効果ガスの限界削減費用に関して不確実性が存在すると想定し，規制当局は限界削減費用曲線を予想して環境政策を設

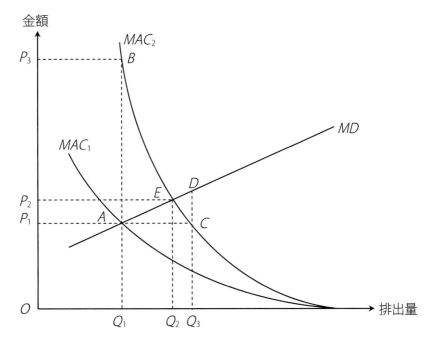

図 8 - 1　不確実性下の環境政策手段の選択

140

計しますが，その予想は実際のものとは異なっているとします。図中の MAC_1 は予想される限界削減費用曲線を，MAC_2 は実際の限界削減費用曲線をそれぞれ表しています。

　このような設定の下で，規制当局が政策手段として排出権取引を採用する場合を考えましょう。年間排出量目標は，予想される限界削減費用と限界損害費用が一致するときの排出量水準 Q_1 に設定されます。実際の限界削減費用曲線は MAC_2 であるので，本来目標とすべき排出量水準は Q_2 でなければなりませんが，規制当局により目標が Q_1 に設定されているため，排出権価格は P_1 ではなく P_3 まで高騰することになります。Q_2 から Q_1 までの削減に要する費用は，Q_1Q_2EB で示される領域に相当します。また，Q_2 から Q_1 まで削減することに伴い，領域 Q_1Q_2EA に相当する損害費用が回避されます。したがって，Q_2 から Q_1 までの削減は，領域 AEB の厚生損失（領域 Q_1Q_2EA －領域 $Q_1Q_2EB<0$）をもたらすことになります。

　次に，規制当局が政策手段として炭素税を採用する場合を考えましょう。炭素税の税率は，予想される限界削減費用と限界損害費用が一致するときの水準 P_1 に設定されます。しかし実際の限界削減費用曲線は MAC_2 ですから，税率は本来 P_2 の水準でなければなりません。税率が P_1 のときに実現する排出量水準は Q_3 ですが，これは税率が P_2 のときの排出量水準 Q_2 よりも大きくなっています。Q_2 から Q_3 までの排出に伴う損害費用は Q_2Q_3DE の領域で示されます。また，Q_2 から Q_3 までの排出量分を削減しないことで回避される削減費用は領域 Q_2Q_3CE に相当します。したがって，Q_2 から Q_3 までの排出は，領域 CED に相当する厚生損失（領域 Q_2Q_3CE －領域 $Q_2Q_3DE<0$）をもたらすことになります。

　排出権取引の場合と炭素税の場合とで厚生損失を比較すると，図8－1に示されるように領域 AEB の方が領域 CED よりも大きくなっています。このことから，厚生損失が小さいという意味で炭素税の方が排出権取引よりも望ましいという結論が得られます。なお，この結論は，限界削減費用曲線の

勾配が限界損害費用曲線の勾配よりも相対的に大きいということに依存している点に注意する必要があります。汚染物質排出量の追加的な 1 単位の増加に伴って被害が急激に増えるような場合には，排出権取引の方が望ましい政策手段であるということになります。

4　代替的な枠組みの提案

● 国際均一炭素税

　国際均一炭素税方式を支持する見解の 1 つに，クーパーによる論考があります（Cooper, 1998）。彼は，経済的価値を有する排出権の配分方法に関してすべての国に受け入れられる基準を用意することは困難であると指摘しています。各国に削減の数値目標が設定されたとしても，それを達成するためには経済主体の排出削減行動を促すためのインセンティブが不可欠です。クーパーは，このようなインセンティブをもたらす共通の政策手段についての国際的合意をめざす方が容易であり，そうした政策手段として国際均一炭素税を採用することが望ましいと主張しています。

　また，ノードハウスは，比較的低い税率の炭素税を導入し，地球温暖化がもたらすと予想される被害の増加を反映させるように徐々に税率を引き上げていくという方策を提唱しています（Nordhaus, 2007）。彼は，総量目標設定方式が抱える問題点として，前節で述べたように不確実性を考慮した場合の政策手段としては排出権取引よりも炭素税の方が望ましいこと，排出権価格が激しく変動すると予想されること，排出権という人工的に創出された希少資源の初期配分をめぐってレントシーキング（企業が政府や規制当局に対して政治的に働きかけて有利な処遇を得ようとすること）が助長されてしまうことなどを指摘しています。

　スティグリッツは，社会的・経済的環境の異なる国々のすべてが合意できるような排出量目標を設定することは困難であるという認識から，国際均一炭

素税を導入すべきであると主張しています。総量目標設定方式の場合，排出権
を購入しなければならない国は自国から排出権売却国への所得移転が避けられ
ません。それに対して，国際均一炭素税の場合には，各国が炭素税収を得るこ
とになります。その税収を所得税などの既存の税を引き下げるための原資とし
て用いるならば，環境税制改革を遂行することができます (Stiglitz, 2006a)。

　総量目標設定方式であれ，国際均一炭素税方式であれ，それぞれの国が国
際的枠組みに参加し温室効果ガスの排出削減に取り組まなければ実効性はあ
りません。排出削減のための政策措置を講じない国の産業は，実質的に補助
金を受け取っていることになります。これは国際競争上不公平であり，何ら
かの是正措置が必要でしょう。スティグリッツは，排出削減に取り組まない
国に対する圧力として，貿易制裁が有効であると述べています。すなわち，
排出削減に取り組んでいる国は，取り組んでいない国からのエネルギー集約
的な財の輸入を拒否するか，あるいは実質的な補助金を相殺するように高い
関税をかければよい，ということです。スティグリッツによれば，このよう
な貿易制裁は存在自体に意味があり，実際に発動されなくても構わないと述
べています (Stiglitz, 2006a, b)。このようなスティグリッツの主張は，地球温
暖化防止に向けた国際協調を実効性のあるものにするためには，グローバル
化によって世界各国の相互依存が強まっているという実態をむしろ積極的に
利用すべきであるという考えに基づいているといえるでしょう。

　ただし，国際均一炭素税方式にも課題はあります。最も重要なのは，炭素
税の税率について国際的に統一するということが可能なのかという点です。
炭素税率に関して国際的合意を得ることは，不可能ではないにしても，きわ
めて低い税率でなければ困難であるかもしれません。また，仮に低税率で国
際均一炭素税が導入されたとしても，CO_2 削減にはあまり効果的ではないで
しょう。炭素税を低税率で導入した後，地球温暖化による被害を反映させる
ように税率を引き上げていくというノードハウスが提唱する方策を採用する
としても，税率の引き上げに関して国際的な合意が得られるかは疑問が残り

ます。加えて，国際均一炭素税方式の下では各国に炭素税収が発生することになりますが，環境税制改革の実施といった賢明な税収の使途を各国政府が選択できるかどうかについても楽観視することはできないでしょう。

　また，上で述べたように，スティグリッツは，各国を国際的枠組みに参加させ排出削減に取り組ませるための強制力として貿易措置が有効であることを強調しています。このような場合の貿易措置が，世界貿易機関（World Trade Organization：WTO）の定める貿易ルールにおいて認められるか否かについても議論があります。WTOルールは，内国民待遇と最恵国待遇を原則としているので，同種の製品に対しては差別的な待遇をしてはならないことになります。地球温暖化に関連して問題となるのは，製品自体は同じであっても生産工程の温室効果ガス排出量に差異がある場合，異なる製品として区別されるか否かです。これは製品の生産工程・方法（processes and production methods：PPM）による区別をめぐる議論です。この問題に関しては，PPMが最終製品に影響を残さない場合には同種の製品とみなされるというのが一般的な考え方のようで，これにしたがうと生産工程の温室効果ガス排出量の差異によって異なる製品とみなすことは困難であると考えられます。

● 排出権取引と炭素税のポリシー・ミックス

　排出量目標を達成するために炭素税率を高い水準に設定しなければならない場合，炭素税の導入により産業部門から政府への大規模な所得移転が発生することが避けられないでしょう。このことが，地球温暖化対策の政策手段として炭素税を採用することを政治的に困難にしている主な要因です。こうした分配影響に配慮して，排出量目標を超過した分についてのみ炭素税の支払いを求めるという排出権取引と炭素税のポリシー・ミックスが提案されています（McKibbin and Wilcoxen, 2002, 2007）。この提案のポイントは，各国が国内政策措置として，長期的に利用可能な排出権（長期排出権）と，1年という短期間のみ利用可能な排出権（短期排出権）を発行するということにあ

144

ります。長期排出権は，例えば1990年の排出量の一定割合といった算定基
準でその総量が決定され，これを発生源に対して1回のみ配分します。この
排出権は譲渡可能であり，その価格は市場の需給関係で決まります。ただし
それは各国内でのみ使用可能であり，国際取引は認めないものとします。一
方，短期排出権については，政府が一定の価格で販売し，その量には制限が
ないものとします。このような政策措置の下では，もし排出削減に大きな費
用を要することが判明し，長期排出権の価格が急騰するようなことがあって
も，それが短期排出権の販売価格を超えることはありません。短期排出権の
価格は，長期排出権価格の極端な騰貴を防止するためのセイフティ・バルブ
（安全弁）として機能するのです。また，短期排出権は，一定の価格さえ支
払えば超過排出を認めるという意味を持っているので，排出総量が長期排出
権の総量を超えたときに適用される炭素税として理解できます。マッキビン
とウィルコクセンは，効率性の観点から推奨される地球温暖化対策の政策手
段は炭素税であるが，目標達成に必要な税率で炭素税を導入することは，分
配影響が大きいので政治的に困難であると述べています。そこで彼らは，排
出権取引と炭素税を組み合わせ，排出権取引で設定された目標排出量を達成
する際の費用負担が大きくなる場合（すなわち排出権価格が高額になる場合）
に，目標排出量からの超過を認め，その超過排出量に関してのみ炭素税を課
すという仕組みを提案したのです。

　排出権取引と炭素税のポリシー・ミックスの機能について，図8－2を用
いて説明しましょう。いま，ある国における限界削減費用曲線に関する予想
が，MAC_1で示されるグラフのようになっているとします。また，この国で
は図中のQ_lの排出量水準に相当する長期排出権が配分されているものとし
ます。もしこの国の限界削減費用曲線がMAC_1であれば，排出権価格はP_l
の水準になるでしょう。しかし，ある年の実際の限界削減費用曲線がMAC_2
であった場合，排出権価格はP_hまで高騰することになります。このとき，
政府が短期排出権をP_sの価格で販売するならば，発生源はP_hの価格を支

図8-2　排出権取引と炭素税のポリシー・ミックス

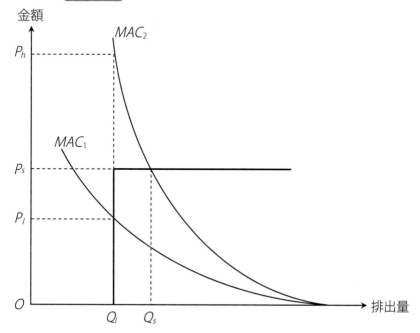

払って市場から排出権を調達するよりも短期排出権を政府から購入すること
を選択すると考えられます。そのため，長期排出権の価格はP_sを超えずに
済むので，高騰を回避することができます。このケースにおいて，政府が販
売する短期排出権の量は，Q_lからQ_sの区間に相当します。したがって，こ
の年の排出量はQ_lを超えることになります。つまり，政府が短期排出権を
販売する事態になれば，排出総量の目標は少なくとも短期的には達成されな
いことになるのです。

　以上の提案者であるマッキビンとウィルコクセンは，このような政策措置
を各国が採用するならば，これを基礎として国際的枠組みを構築すること
は，京都議定書のように各国の削減義務に関する合意を基礎とする場合より
も容易になると主張しています。その理由として，彼らは国際的に調整され
るべき事項が短期排出権の価格に集約されるという点を挙げています。

5 新たな国際的枠組みをめぐって

　2011年にダーバンで開催されたCOP17では，温室効果ガス主要排出国すべてを対象にした新しい国際的枠組みを2020年に発効させ実施に移すことや，2013年以降の枠組みについては京都議定書を延長することなどが合意されました。この合意内容は，次期の国際的枠組みの議論をその後の交渉に委ね，2013年以降に生じる国際的枠組みの空白期間を京都議定書の延長によって埋めるということを意味しています。京都議定書延長に参加したのはEU加盟国やオーストラリアなど限られた先進国であり，日本はこれに参加しませんでした。

　地球温暖化防止のための国際的枠組みを総量目標設定方式に基づいて構築しようとする場合，中国やインドなどの新興国に対して削減を義務づけることができるかが，大きな課題となるでしょう。厳しい削減目標を強制的に課すような枠組みであれば，新興国の参加は実現しないかもしれません。一方，例えば各国が自主的に目標を設定するなど，緩やかな目標設定が可能な枠組みの場合，主要排出国の参加が実現しやすいでしょう。しかし，こうした枠組みでは地球温暖化防止という点で不十分なものになってしまう可能性が高く，これに対してはAOSISなどが反発することが予想されます。このような難題を抱える中で，国際社会がどのような枠組みを構築していくのかに注目が集まることになりました。

　京都議定書に代わる新しい国際的枠組みは，2015年11月末〜12月にパリで開催されたCOP21において採択されました。パリ協定と呼ばれるこの枠組みでは，産業化以前と比較した場合の世界の平均気温の上昇幅を，2℃を十分に下回る水準にし，1.5℃以内に抑えるよう努力する，という長期目標が設定されました。そして，この長期目標をめざして，主要排出国を含むすべての国が自主的に削減目標を設定し，その達成に向けて行動することが義務づ

けられています。また，この削減目標は 5 年ごとに見直されて引き上げられていくことになっています。ただし，京都議定書とは異なり，目標達成については法的拘束力がありません。つまり，パリ協定では，目標を「達成」することは義務づけられていないのです。こうした仕組みが採用されたのは，途上国を含むすべての国が参加できるようにするためにほかなりません。

　パリ協定は，米国や中国，インド，EU 加盟国といった国々が批准作業を早急に進めていったこともあって，2016 年 11 月に発効しました。このように COP21 での合意から 1 年も経たずに発効に至ったことは，京都議定書が COP3 での採択から発効までに 7 年以上もの期間を要したことと比較すると，たいへん大きな違いです。これは，パリ協定の内容が主要排出国にとっていかに受容しやすいものであったかを示しているといえるでしょう。こうして，すべての国が参加する国際的枠組みが構築されることになったのですが，自主的に設定された削減目標の達成に関しては法的拘束力がないということもあって，パリ協定が地球温暖化防止という点でどの程度効果を持ちうるのかについては疑問が残ります。このような枠組みの下で目標達成に向けた各国の努力をいかにして引き出していくかが重要な課題となっています。

6　気候変動緩和に向けた各国の行動をいかに促すか

　EU が域内の大規模発生源を対象とする排出許可証取引制度（EU-ETS）を 2005 年から開始したことで，排出権取引は，各国・各地域の地球温暖化対策をめぐる議論において中心的位置を占めるようになりました。米国では，北東部諸州が火力発電所からの CO_2 排出量の削減を目的として 2005 年に「地域温室効果ガス・イニシアティブ（Regional Greenhouse Gas Initiative：RGGI）」と呼ばれる共同プロジェクトに合意しました。この RGGI では，削減目標を達成するための政策手段として排出権取引を導入しています。2010 年代には，米国カリフォルニア州やカナダのケベック州，韓国において温室

効果ガスを対象とする排出権取引制度が開始されました。日本では，国に先駆けて地方自治体が排出権取引を活用した地球温暖化対策を実施しています。東京都は 2010 年度に大規模発生源を対象とする義務的な排出権取引制度を導入しました。また，埼玉県は 2011 年度から大規模事業所を対象とする目標設定型排出量取引制度を開始しました。

　近年，EU 域内での規制が世界のルール形成に対して及ぼす影響力に関する研究が進んでいます（Bradford, 2020）。そうした研究では，上記の各国・各地域における排出権取引導入の進展は EU が行使するグローバルな影響力を示す例として捉えられています。

　2022 年，EU は，EU-ETS の強化に伴う炭素リーケージ（生産拠点の海外移転に伴って温室効果ガス排出量が海外に漏出すること）の防止を目的として，炭素国境調整メカニズム（Carbon Border Adjustment Mechanism : CBAM）を導入することに合意しました。これは，温室効果ガスに対する規制が不十分な国からの輸入品に対して，EU-ETS に基づいて算定される炭素価格の支払いを義務づける，というものです。CBAM は，セメント，鉄鋼，アルミニウム，肥料，電力，水素を対象として，2026 年に本格的に実施される予定です。このような貿易措置に関しては，本章第 4 節で触れたように WTO ルールとの整合性をどう図るかという課題がありますが，EU は気候変動対策を理由として貿易措置を実施する方向に踏み出しました。この CBAM の導入が，世界各国の気候変動緩和に向けた行動にどのような影響を及ぼすことになるのか，という点に大きな関心が寄せられています。

第 8 章の演習課題

　これまでに締結された国際環境協定に関して，交渉の経緯や合意された協定の内容を調べ，どのようにして合意に至ったか，また協定がどのような成果をもたらしたのかについて議論してみましょう。

Column 8

日本は京都議定書の目標を達成したのか

　京都議定書において，日本は第 1 約束期間（2008 ～ 12 年）の温室効果ガス排出量を，5 年間の平均で 1990 年の水準から 6%削減することを義務づけられていました。この削減義務を日本は達成できたのでしょうか。

　内閣に設置されている地球温暖化対策推進本部が 2014 年に公表した『京都議定書目標達成計画の進捗状況』では，日本の削減目標の達成状況について次のように報告されています。第 1 約束期間の 5 年間平均の排出量（CO_2 を基準に換算）を基準年（原則として 1990 年ですが，HFCs，PFCs，SF_6 は 1995 年）の水準と比較してみた場合，エネルギー起源の CO_2 は 6.7%増加したのに対して，非エネルギー起源の CO_2，メタンおよび一酸化二窒素は 3.2%減少し，代替フロンなどの 3 つのガス（HFCs，PFCs，SF_6）も 2.1%減少しました。したがって，日本における温室効果ガスの排出量は基準年よりも 1.4%増加したことになります。しかし，京都議定書の運用細則を定めたマラケシュ合意に基づいて森林管理による CO_2 の吸収量を算入したり，都市緑化などによる CO_2 吸収分を勘案したりすることで，3.9%の削減分を得ることができました。また，京都メカニズムを活用して政府や民間部門が排出権を獲得しており，その量は基準年総排出量の 5.9%分に相当します。こうした吸収源による削減分や獲得した排出権の分は，実際の温室効果ガス排出量の増加分（1.4%）から差し引かれるので，結果として日本は基準年の水準から 8.4%削減したということになります。こうして，日本は－ 6%という削減目標を達成できたわけです。

　図は，第 1 約束期間における日本の温室効果ガス排出量の推移と基準年の排出量を示しています。この図をみると，2008 年から 2009 年にかけて排出量が大きく

減少していることがわかります。これについては，2008年9月のリーマン・ショックに端を発する世界的な金融危機の影響による景気後退に伴いエネルギー消費量が減少したことが要因として挙げられます。2010年以降は排出量が増加に転じていますが，2011〜12年の排出量増加については，2011年3月に発生した東日本大震災に伴う福島第一原子力発電所の事故を受けて，各地の原子力発電所が次々と運転停止になったため，それを補う目的で火力発電を増やさざるを得なかったことが影響していると考えられます。

　先に述べたように，日本は京都議定書の削減目標を達成するために，京都メカニズムを活用しました。具体的には，政府が東ヨーロッパ諸国やウクライナなどから排出権を購入したり，CDMプロジェクトを実施した国内の民間企業から排出権を購入したりする「京都メカニズムクレジット取得事業」が行われました。こうして排出権を追加的に調達することで，国内での努力だけでは削減が足りない部分を補完して削減目標の達成に至ったのです。

図　第1約束期間における日本の温室効果ガス排出量の推移

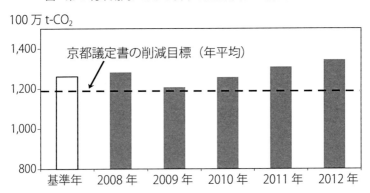

出典：地球温暖化対策推進本部（2014）『京都議定書目標達成計画の進捗状況』（平成26年7月1日）に基づき作成。

第 9 章

地球環境と人間社会の
持続可能性をめぐる諸課題

新潟県十日町市にある星峠の棚田の風景（著者撮影）。食糧生産のみならず
水源涵養や生態系保全といった多面的な機能を有する棚田のような地域資源を
いかにして持続的に利用していくかが課題となっている。

1 プラネタリー・バウンダリーでみた人間活動の影響

　地球環境と人間社会の持続可能性に関して，第1章第3節では，人間が地球の有限性や世代間衡平を考慮して活動することが重要であると述べました。地球の有限性については，近年，プラネタリー・バウンダリー（planetary boundaries）という概念が注目されています。この概念は，ヨハン・ロックストロームを中心とする研究チームが提唱したもので，人間活動による地球環境への影響がどのレベルまで高まると人間が安全に活動できなくなるかを示す限界を意味しています。プラネタリー・バウンダリーに関する研究では，人間活動が地球環境にもたらす影響について，「気候変動」「新規化学物質」「成層圏オゾン層の破壊」「大気エアロゾルの負荷」「海洋酸性化」「生物地球化学的循環（窒素・リンの生物圏への流入）」「淡水の利用」「土地利用の変化」「生物圏の保全」という9つの領域が設定されています。

　これまでに行われたプラネタリー・バウンダリーの概念に基づく研究では，「気候変動」「生物圏の保全」「生物地球化学的循環」「土地利用の変化（森林）」「新規化学物質（プラスチックを含む）」の領域ですでに限界を超えたと評価されています（Dixson-Declève, et al., 2022）。これは，温室効果ガスの排出や生態系破壊，プラスチック汚染などが人間活動に不可欠な基盤である地球環境に危機的な状況をもたらしていることを示しており，このままでは将来世代の福祉が損なわれ，世代間衡平の確保が困難になってしまうことも考えられます。

　このように，現在を生きる私たちは地球環境と人間社会の持続可能性への対応を迫られています。では，私たちはこの問題に対してどのように取り組んでいけばよいのでしょうか。これに関して，本章では，気候変動の緩和，生物多様性の保全，資源循環の促進という3つの課題を取り上げて考えてみたいと思います。

2　経済の低炭素化をどう実現するか

　2020 年以降の地球温暖化対策の国際的枠組みであるパリ協定が 2016 年に発効して以降，温室効果ガスの削減に向けた各国の動きが加速しつつあります。特に注目されるのは，温室効果ガスの排出量と吸収量が均衡した状態を意味するカーボンニュートラルの達成をめざすことを宣言する国が次々と登場するようになったことです。『令和 2 年度エネルギーに関する年次報告（エネルギー白書 2021）』によれば，2021 年 4 月の時点で，125 ヵ国・1 地域が 2050 年までにカーボンニュートラルを実現することを表明しています（日本は 2020 年 10 月に表明）。

　カーボンニュートラルを達成するためには，温室効果ガス排出の大幅削減が不可欠ですが，多くの国における現行の技術体系や経済構造は依然として化石燃料の大量消費を前提としています。そのため，温室効果ガスの排出量を大幅に削減するには，そうした技術や構造を転換して経済全体の低炭素化を進めていく必要があります。したがって，技術革新を促すことや，産業・エネルギー部門の構造転換といった変革を実現することが，低炭素経済の構築に向けて取り組まなければならない喫緊の政策課題であるといえます。

　では，低炭素経済を構築するためには具体的にどのようなことが必要なのでしょうか。これについては，CO_2 排出量がいかなる要因によって決まるのかを示す次の式を用いて考えるとよいでしょう。

$$CO_2 \text{排出量} = \underbrace{\frac{CO_2 \text{排出量}}{\text{エネルギー供給}}}_{①} \times \underbrace{\frac{\text{エネルギー供給}}{\text{GDP}}}_{②} \times \text{GDP}$$

ここで，①はエネルギー供給 1 単位当たりの CO_2 排出量を示しており，これはエネルギー供給の CO_2 集約度として捉えることができるでしょう。ま

た，②はエネルギー集約度と呼ばれるものであり，GDP を 1 単位生み出すのにどれだけのエネルギーが使われているかを表しています。この式の両辺を変化率に変換すると，次のような関係が導かれます。

$$CO_2 \text{排出量の増加率} = \text{エネルギー供給の } CO_2 \text{ 集約度の変化率}$$
$$+ \text{ エネルギー集約度の変化率} + \text{ GDP 成長率}$$

この関係は，例えばある年において GDP が 3% 成長したとしても，エネルギー供給の CO_2 集約度の変化率が −2%，エネルギー集約度の変化率が − 1% であれば，CO_2 排出量は増加しないということを意味しています。

　エネルギー集約度を低減させるためには，経済全体でエネルギー効率性の改善（すなわち省エネルギー）に努める必要があります。一方，エネルギー供給の CO_2 集約度を引き下げるには，再生可能エネルギーなど，炭素排出を伴わないエネルギーの開発・導入を促していかなければなりません。したがって，省エネルギーの進展を図るとともに，在来の再生可能エネルギーの普及や炭素排出を伴わない新たなエネルギー源の開発を促すための政策的対応が必要となります。この節では，こうした課題に取り組むための公共政策はどうあるべきかを考えます。

● 省エネルギー投資の阻害要因

　1970 年代に起こった二度の石油ショックは，世界経済を大きく揺さぶることになりました。また同時に，石油ショック期における原油価格の高騰は，省エネルギーへの取り組みを促進する大きな契機にもなりました。このことから，エネルギー価格の上昇は，エネルギー効率性を改善するインセンティブを企業や消費者に対して強く与えることがうかがわれます。

　ただし，たとえエネルギー価格の上昇という強力なインセンティブ要因がなかったとしても，普段から省エネルギーに取り組むことで，企業は生産性

を向上させることができるでしょうし，家計も光熱費を節約することができるはずです。特に，省エネルギーへの投資はこうした生産性向上や費用節約の面で効果が大きいと考えられます。具体的には，企業がエネルギー効率性の高い設備を導入したり，省エネルギー性能に優れた家電製品が多くの世帯に普及することで，産業部門や家計部門でのエネルギー消費量を大きく削減することができると期待されます。しかし実際には，エネルギー効率性改善の潜在的機会が存在していたとしても，省エネルギー投資を阻害する要因があるために，企業や消費者がそうした機会を活用しないままになっていることが少なくありません（これはエネルギー効率性ギャップと呼ばれます）。以下では，省エネルギー投資がどのような要因によって阻害されるのかについて説明しましょう。

① 資金調達の問題

　省エネルギー投資を行うためには資金が必要ですが，すべての企業や消費者が十分な資金を保有しているわけではありません。エネルギー効率性の高い技術や，省エネルギー性能に優れた家電製品・自動車などが存在していたとしても，これらは一般的に高価なので，初期投資の費用負担が大きくなってしまいます。こうしたことが，省エネルギー効果の高い技術や製品への投資を阻害する要因になると考えられます。また，初期投資に必要な資金は，借入によって調達することができるかもしれません。しかし，現実には資本市場は不完全であるために，すべての企業や消費者が借入を行うことができるわけではありません。こうした資本市場の失敗に伴う流動性制約が，省エネルギー分野における過小投資をもたらす要因となりうるのです。

② 情報の問題

　エネルギー効率性の改善に向けた取り組みを阻害する要因としてしばしば指摘されるのが，情報にかかわる問題です。具体的には，情報の欠如あるい

は情報の非対称性，プリンシパル＝エージェント関係，ラーニング・バイ・ユージングといった点がこれに含まれます。

　エネルギーを消費する財の選択の意思決定に際して，企業や消費者は，どの財が省エネルギー性能に最も優れているのか，あるいはそれぞれの財がどの程度の省エネルギー性能を有しているのかといったことに関して，十分な情報を持っていない可能性があります（情報の欠如）。また，このように買い手はエネルギー効率性に関する情報を欠いている一方で，売り手は自己が生産する財のエネルギー効率性について十分な情報を有する立場にあります（情報の非対称性）。そうであるならば，売り手は財の省エネルギー性能の優秀さに関する情報を買い手に提供しようとするでしょう。しかし，買い手にとっては，実際に使ってみなければいかに省エネルギー性能に優れているかを観察したり体験したりすることはできません。このような情報の欠如あるいは情報の非対称性という状況は，省エネルギー投資を阻害することにつながると考えられます。

　経済主体間のプリンシパル＝エージェント関係も，省エネルギーにおける過小投資をもたらす要因です。例えば，賃貸の住宅やオフィス・ビルの家主（エージェント）は，自己の所有する建築物に対する省エネルギー投資の意思決定を行う立場にあり，その借主（プリンシパル）は電気料金などのエネルギー費用を負担する立場にあります。借主が借りようとする物件の省エネルギー性能について完全な情報を有している場合，省エネルギー性能を向上させる投資が行われているために賃貸料が高く設定されていたとしても，省エネルギー性能の高い物件を借りることに伴う追加的費用がエネルギー費用の節約によって回収可能であれば，借主は当該物件を借りるでしょう。この場合，家主は，所有する物件の省エネルギー性能を高めるのに要する費用を賃貸収入によって回収することができるので，省エネルギー投資を行うインセンティブを持つことになります。しかし実際には，借主は物件の省エネルギー性能について不完全な情報しか持たないので，高い賃貸料がエネルギー

費用の節約によって回収可能であるかどうかについての判断を行うことができません。そうすると，エネルギー性能の高い物件は賃貸料が高いという理由で敬遠されてしまうことになるため，家主にとって省エネルギー投資を行うことはむしろデメリットになります。こうしたことから，家主の省エネルギー投資インセンティブが損なわれてしまうのです。

　高いエネルギー効率性を有する新しい財についての情報は，それが実際に導入され使用されることを通じて伝播します。新たに登場した財を早期に導入・使用した主体がもたらす当該財に関する情報は，他の主体が対価を支払うことなく利用することができます。このように，ラーニング・バイ・ユージング（使用を通じた学習）は正の外部性をもたらすことになります。しかし，早期に導入・使用する主体には，その行動が情報の提供というかたちで他の主体に便益をもたらしているにもかかわらず対価を支払われることがありません。このようなことから，たとえエネルギー効率性に優れた新しい財であっても，それを早期に導入しようとするインセンティブが社会的にみて過小になってしまうのです。

● エネルギー効率性改善のための政策措置

　エネルギー効率性改善における過小投資を解消するためには，どのような政策措置を講じる必要があるのでしょうか。まず，流動性制約への対応としては，省エネルギー投資に対する税額控除や低利融資，直接補助金といった助成措置が挙げられます。また，こうした助成措置は，エネルギー効率性に優れた新しい財（あるいは技術）の導入を早め，ラーニング・バイ・ユージングを通じてそうした財（技術）に関する情報の創出を促すという点で社会に便益をもたらすものと期待されます。

　情報の欠如への対応策としては，情報提供型の政策措置が挙げられます。例えば米国では，製品の省エネルギー性能に関するラベリング制度であるエネルギースター（Energy Star）プログラムが実施されています。また，賃貸

の住宅やオフィス・ビルの家主と借主（あるいは建売住宅の建築業者と購入者）との間にあるプリンシパル＝エージェント関係を原因とする省エネルギーへの過小投資に対処するためには，住宅やビルの省エネルギー性能を客観的に評価しその情報を公開するなど，建築物のエネルギー効率性に関して信頼性のある情報を提供する仕組みが必要でしょう。

　家電製品や自動車など，エネルギーを消費する財については，エネルギー効率性に関して満たすべき基準が定められている場合が少なくありません。このような基準を設定する目的は，一定レベルの省エネルギー性能を満たさない財を市場から排除することにあると考えられます。日本では，自動車や電気機器などに対して，トップランナー方式による省エネルギー基準の設定が実施されています。この方式は，「エネルギーの使用の合理化に関する法律」が1998年に改正されたことで導入に至りました。トップランナー方式とは，基準値を設定する時点において商品化されている製品の中でエネルギー効率性が最も優れているもの（トップランナー）の省エネルギー性能をベースとしつつ，将来の技術開発の見通しなどを勘案して省エネルギー基準を設定するというものです。これにより，省エネルギー性能の向上を目的としたメーカーによる技術開発が促され，家電製品や自動車などトップランナー方式の対象となっている機器のエネルギー効率性がより速いペースで改善していくことが期待されます。

● 環境政策手段と技術革新インセンティブ

　化石燃料を起源とするエネルギーの利用は，硫黄酸化物などの大気汚染物質や温室効果ガスの1つである CO_2 の排出を伴います。これらの物質が健康や環境に対して被害を及ぼすことで，外部費用が発生します。こうした外部不経済に対処することを目的として環境政策が実施されると，規制対象となる企業にとっては，遵守費用の負担が生じることになります。このとき，企業はその負担をできるだけ軽減したいと考えるはずです。このような動機

から，負担軽減につながる技術を模索しようとする活動が行われるならば，汚染をより安価な費用で削減できる新たな技術が開発されたり導入されたりすることにつながるかもしれません。つまり，外部不経済の内部化を目的とする環境政策は，技術革新を促すという効果も期待できるのです。

環境政策によって与えられる技術革新インセンティブは，採用される政策手段によってどのように異なるのでしょうか。このことについて，簡単なモデルを用いて考えてみましょう。図9−1は，環境政策の諸手段がもたらす技術革新インセンティブを分析する際の基本モデルを描いたものです。図中の2本の右下がりの線は，ある企業の限界削減費用曲線を表しており，MAC_1 は既存技術の下での限界削減費用曲線を，MAC_2 は技術革新（新技術の開発や導入）によって実現する限界削減費用曲線を示しています。

ここで，直接規制が E_1 の水準に設定されている状況を考えます。既存技

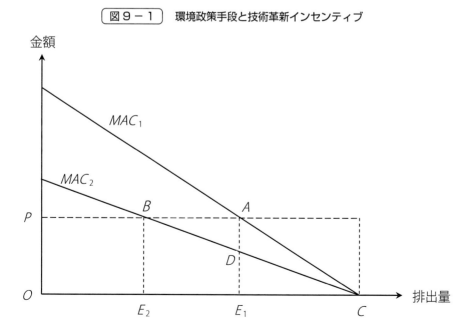

図9−1　環境政策手段と技術革新インセンティブ

術によってこの排出量水準を達成する場合に要する削減費用は，図中のACE_1の領域で表されます。この企業が新技術を開発しこれを導入した場合，削減費用は領域DCE_1になります。したがって，新技術の開発・導入によって節約される削減費用はADCに相当します。この領域ADCは，技術革新によってもたらされる余剰の大きさを表しています。技術革新インセンティブの大きさを政策手段間で比較する場合，この余剰の大小関係を調べるという方法が用いられます。

　次に，環境税がもたらす技術革新インセンティブについて考察しましょう。既存技術の下で，環境税によって排出量をE_1の水準に抑制しようとするならば，これを達成するのに必要な税率はPで示される水準になります。この税率の下で，新技術の開発・導入によって限界削減費用曲線がMAC_2にシフトすると，この企業にとって合理的な排出量水準はE_2になります。これによって，削減費用と環境税支払いの合計額は，領域$ACOP$から領域$BCOP$へと変化します。結果として，遵守費用に関してABC（削減費用の節約分ADC＋環境税支払いの節約分ABD）の領域に相当する分が節減されることになります。上でみたように，直接規制の場合には技術革新は削減費用のみに関して節減効果をもたらしますが，環境税の場合には技術革新によって削減費用の節約に加えて環境税支払いの節約ももたらされることになるのです。

　続いて，排出権取引の場合を検討しましょう。この企業が当初保有する排出権の量をOE_1とし，排出権価格がPの水準であるとします。このとき，当該企業が新技術を開発・導入すると，この企業にとって合理的な排出量水準はE_2となるので，E_1E_2に相当する排出権が余剰となります。これを排出権取引市場で売却すると，この企業はABE_2E_1の領域に相当する収入を得ます。ただし，E_1E_2に相当する排出量を追加的に削減する必要があるので，それに要する費用DBE_2E_1を考慮すると，排出権売却による純収入はABDとなります。また，新技術の導入によりCからE_1まで削減するのに要する

費用が低減するので，その費用節約分 ADC と先の ABD をあわせると，遵守費用に関して環境税の場合と同じ ABC の領域に相当する費用節減効果がもたらされることになります。

　以上より，経済的手段である環境税と排出権取引に関しては，遵守費用の節約分がいずれの場合も図中の領域 ABC であるのに対して，直接規制の場合は領域 ADC であることがわかります。このことから，直接規制と比較して経済的手段の方が企業に与える技術革新インセンティブは大きいと結論づけられます。

● 環境政策と技術政策を組み合わせる

　以上の環境政策手段と技術革新インセンティブに関する説明においては，新たな技術知識の創出や新技術の普及にかかわる重要な問題が考慮されていません。技術をめぐっては，次に述べるように研究開発への投資や新技術の導入を阻害する要因が存在することが知られています。

　研究開発活動に関しては，新たな技術知識の創出に成功するか否かという点で不確実性があります。金融機関などの資金の貸し手は，こうした不確実性からくるリスクを嫌って資金提供に難色を示したり，そのようなリスクを引き受ける代わりに非常に高い金利を設定したりするでしょう。そうすると，研究開発に取り組もうとする主体にとっては必要な資金を調達することが困難になるかもしれません。このことが，研究開発活動における過小投資をもたらすことにつながってしまうのです。

　また，技術知識は，非排除性と非競合性という公共財としての性質を有しています。そのため，ある主体が開発した新たな技術は他の主体によって模倣される可能性があり，こうした模倣を完全に排除することは極めて困難でしょう。これは専有可能性という開発主体が直面する問題です。技術知識のスピルオーバー（漏出）のために開発主体は自らが創出した新技術を専有できず，したがって新技術から得る開発主体の私的利益は，その技術がもたら

す社会的便益と比較して小さくなります。こうしたことから，研究開発活動は，社会的にみて望ましい水準よりも過小になってしまうのです。

　研究開発活動に続く技術革新のプロセスである技術普及においては，省エネルギー投資の場合と同様の阻害要因が関係してきます。まず，流動性制約が存在することで，新しい技術を導入するための資金の調達が困難になることが考えられます。また，新しい技術に関する情報が不十分であるかもしれません。加えて，そうした情報は，ラーニング・バイ・ユージングを通じて伝播しますが，早期に導入する主体には，その行動がもたらす社会的便益に見合った対価を支払われることがありません。そのため，新しい技術を早期に導入しようとするインセンティブが損なわれてしまいます。以上のような資金調達や情報にかかわる問題が阻害要因となって，新技術への投資が社会的にみて過小になってしまうのです。

　こうしたことから，仮に外部不経済を内部化するように適切に環境政策が実施されたとしても，研究開発活動や技術普及において市場が失敗する要因が存在するために，環境・エネルギー分野の技術革新インセンティブは社会的にみて過小なレベルにとどまってしまうと考えられます。このような技術知識の創出や技術普及にかかわる市場の失敗を矯正するためには，補助金供与や税制上の優遇措置といった政策的介入によって研究開発や技術採用のインセンティブを強化する必要があります。つまり，環境・エネルギー分野での技術革新を効果的に促進するためには，環境政策と技術政策とを組み合わせることが肝要なのです。

● カーボンニュートラルの実現に向けて

　炭素税や排出権取引といった政策手段を導入することにより，大気中にCO_2を排出する際の対価（炭素価格）を設定することができます。これはカーボンプライシングと呼ばれます。カーボンプライシングが実施されると，化石燃料を大量に消費する技術や製品を使用することに伴う費用負担が

大きくなります。そうすると，こうした技術や製品は次第に市場での競争力を失い，その一方で，化石燃料の消費は少ないが高価なためにこれまで普及が進んでいなかった技術や製品が相対的に競争力を持つようになると考えられます。こうした状況になれば，企業も低炭素型の技術や製品の開発・導入に向けてより多くの資源を投入するようになるはずです。政府は，環境政策手段の導入を通じたカーボンプライシングに加え，環境・エネルギー分野における技術知識の創出や技術普及にかかわる市場の失敗に対処するための政策措置を適切に実施することで，低炭素化に向けた技術革新を後押しすることができるでしょう。

　近年，炭素税や排出権取引を導入する国・地域は増加傾向にあり，カーボンプライシングの実施は世界的な潮流となりつつあります。しかし，現状の炭素価格の水準は，パリ協定で掲げられた長期目標を実現するには不十分であると考えられます。世界銀行が 2022 年に公表した報告書『カーボンプライシングの現状と動向 2022』は，世界の平均気温の上昇幅を 2℃ 未満に抑制するためには，2030 年までに炭素価格を CO_2 1トン当たり 50 〜 100 ドルに設定する必要があるにもかかわらず，2022 年の時点でこの範囲に含まれるかそれを上回る水準の炭素価格でカバーされている排出量は世界全体の 4%に満たない，と指摘しています。また同報告書は，2050 年にカーボンニュートラルを実現するためには，CO_2 1トン当たり 50 〜 250 ドルの水準の炭素価格が必要である，という推計結果についても言及しています。

　日本におけるカーボンプライシングに関しては，既存の石油石炭税に上乗せするかたちですべての化石燃料の利用に対して CO_2 排出量に応じて課税する「地球温暖化対策のための税」（2012 年 10 月に施行，税率は 2016 年 4 月までに段階的に引き上げられ，CO_2 1トン当たり 289 円）があります。上で取り上げた世界銀行の報告書による炭素価格の国際比較（2022 年 4 月時点）によれば，日本の炭素価格は CO_2 1トン当たり 2 ドル程度であり，スウェーデンやスイスの 130 ドル（政策手段は炭素税），EU の 87 ドル（政策手段は排出権取引），

カリフォルニア州の 31 ドル（政策手段は排出権取引），韓国の 19 ドル（政策手段は排出権取引）と比べて低い水準にあります。

2023 年 2 月，日本政府は，脱炭素に向けた社会・経済構造の変革，いわゆる GX（グリーントランスフォーメーション）の達成を目的として，「GX 実現に向けた基本方針」を閣議決定しました。そこには，GX 経済移行債の発行を通じて脱炭素投資を支援するための資金を調達することや，カーボンプライシングを実施すること（排出権取引の導入と化石燃料の輸入事業者等に対する炭素賦課金）などが盛り込まれています。この基本方針がカーボンニュートラルを実現しうる気候変動対策の実施につながるか否かに関心が寄せられています。

3 失われゆく生物多様性をどう守るか

● 生物多様性保全に向けた国際社会の対応

近年，人間活動の影響により生物の生息環境が悪化したり生態系が破壊されたりするのに伴い，野生生物の種の絶滅が進行し，人類にとって不可欠な生物資源が消失しつつあります。世界自然保護基金が公表した『生きている地球レポート 2022』では，野生生物の個体群の増減を測定する指数（Living Planet Index）が，1970 年から 2018 年の間に 69% 低下したと報告されています。また，生物多様性及び生態系サービスに関する政府間科学－政策プラットフォームが 2019 年に公表した『生物多様性と生態系サービスに関する地球規模評価報告書』は，現在における種の絶滅速度が過去 1 千万年平均の少なくとも数十倍あるいは数百倍に達しており，適切に対処しなければ今後さらに加速すると警鐘を鳴らしています。

生物資源が失われつつある状況に対する危機感を背景に，生物の多様性を包括的に保全するための国際的枠組みとして，生物多様性条約が 1992 年に採択されました。この条約は，生物多様性に関して「種の多様性」「遺伝子

の多様性」「生態系の多様性」の3つから構成されるものと定義し，主な目標を①生物多様性の保全，②生物多様性の構成要素の持続可能な利用，③遺伝資源の利用から生じる利益の公正かつ衡平な配分，としています。このように，生物多様性条約は，生物多様性を保護するだけでなく，それを持続的な方法で利用することや，生物多様性から得られる経済的利益の配分をめぐる利害を調整することを目的としているのです。

　生物多様性条約第10回締約国会議が2010年に名古屋市で開催されたことは，日本において生物多様性への関心が高まる契機となりました。この会議では名古屋議定書と愛知目標が採択されました。名古屋議定書は，遺伝資源の利用から生じる利益の公正かつ衡平な配分が着実に実施されるように手続きを定めたものです。愛知目標は，2020年までに生物多様性の損失を止めるための効果的かつ緊急の行動を実施することを目的として設定された20の個別目標をさします。

　愛知目標の達成状況については，生物多様性条約事務局が2020年に公表した『地球規模生物多様性概況第5版』の中で，20の個別目標のうち完全に達成されたものはなかったことなどが報告されました。これを受けて，2022年には，愛知目標の後継として，2020年以降の生物多様性に関する世界目標である昆明・モントリオール生物多様性枠組が採択されました。そこには，2030年までに陸と海のそれぞれ30％以上を健全な生態系として保全するという「30by30目標」などが盛り込まれています。

● 生物多様性の価値

　生物多様性の価値は，人間にさまざまなサービスを提供していることに由来します。人間が生物多様性から享受しているサービスは生態系サービスと呼ばれます。この生態系サービスの経済的価値を評価する試みとして，国連環境計画やEU，ドイツ政府などの支援の下で大規模な研究プロジェクトが実施されました。これは「生態系と生物多様性の経済学（The Economics of

Ecosystems and Biodiversity : TEEB)」と呼ばれるもので，2007 年にドイツの
ポツダムで開催されたG8＋5 環境大臣会議において欧州委員会とドイツが
提唱しました。2010 年の生物多様性条約第 10 回締約国会議では，TEEB の
研究成果が公表されました。

　生態系サービスに関して，TEEB は，供給サービス（provisioning ser-
vices），調整サービス（regulating services），生息・生育地サービス（habitat
or supporting services），文化的サービス（cultural services）の 4 つに分類して
います（TEEB, 2010）。供給サービスには，食料や水，原材料といった基礎
的な資源のほか，品種改良などに必要とされる遺伝資源や，薬などに使用さ
れる資源を提供するという機能が含まれます。調整サービスとしては，大気
の質を調整したり，CO_2 を吸収して気候を調整したりするほか，自然災害に
よる被害の緩和や，水質の浄化，花粉の媒介を通じた農作物生産への貢献と
いった機能が挙げられます。生息・生育地サービスに分類されるのは，動植
物に生息環境を提供する機能や，さまざまな遺伝資源を貯めておくプールと
しての機能です。文化的サービスについては，自然景観を形成したりレクリ
エーションの場を提供したりする機能のほか，文化・芸術活動や教育研究活
動への貢献などが含まれます。

　TEEB（2010）は，上記の生態系サービスの経済的価値を計測する方法に
ついて議論しています。そこで挙げられている計測方法に関していくつか触
れておきましょう。供給サービスの価値を計測する場合，食料や水，原材料
など，市場で取引されているものが少なくないため，市場価格を利用するこ
とができます。一方で，市場で取引されていない生態系サービスに関して
は，代替財が存在していれば，その市場価格を用いて計測するという方法
（代替法）があります。例えば，調整サービスの 1 つである水田の湛水能力
については，同じ機能を治水ダムによって確保するとした場合の建設費用や
運営費用で評価するという方法を採用することができます。また，災害の緩
和という機能や CO_2 を固定する吸収源としての機能については，自然災害

が発生したり気候変動が進んだりした場合に，生態系が維持されていること
によってどれだけの損害が回避されるのかを計測することで，それらの価値
を評価することができます。

　TEEB（2010）は，上記の方法に加えて，第4章で解説したヘドニック価
格法，トラベルコスト法，仮想市場法も挙げています。ヘドニック価格法
は，大気の質を調整するという機能の価値計測に用いることができます。ト
ラベルコスト法は，文化的サービスの1つであるレクリエーションの場の提
供という機能の価値計測に適しています。また，仮想市場法に関して，
TEEB（2010）は，あらゆる生態系サービスの価値を計測することが可能で
あるとしながら，計測結果の信頼性を確保するために注意すべき点について
も触れています。

　TEEB は，各経済主体が生物多様性や生態系サービスの価値を十分に認
識したうえで意思決定を行うことの重要性を強調しています。上で述べた手
法を用いることで，生物多様性や生態系サービスが持つ価値のうち貨幣評価
が可能な部分が可視化されます。これを通じて，生物多様性の価値を十分考
慮した経済行動を促すためには何が必要か，という論点の重要性が広く理解
されるようになるでしょう。

● 生物多様性保全の具体的方策

　生物多様性を保全するための具体的方策として近年注目されているのが，
生態系サービスへの支払い（payment for ecosystem services：PES）という仕
組みです。これは，生態系サービスを供給・管理する主体に対して，その
サービスの受益者や利用者が支払いを行う，というものです。PES が導入
されると，生態系サービスの供給者や管理者は資金を獲得することになり，
それを生態系の保全に要する費用に充てることができます。これによって，
生態系サービスの持続的な利用が実現することが期待されます。PES の事
例としては，流域保全を目的とするものが多く存在していますが，森林や野

生生物の生息地などの保全に活用されている例もあります（TEEB, 2010）。

　開発行為に伴う生物多様性の損失を回避するための方策としては，生物多様性オフセットという仕組みがあります。これは，ある開発事業が生態系の破壊をもたらす場合，破壊される生態系と同等の自然環境を近隣地域に創り出すことによって開発の悪影響を相殺する，というものです。この仕組みは，開発行為がもたらす生物多様性の損失をゼロにすること（ノーネットロス）を目的としています。また，開発主体自身が上記のような悪影響の相殺を実施する代わりに，他の場所で生態系の復元・創造を実施した別の主体からクレジットを購入することを認める，という仕組みもあります。これは生物多様性バンキングと呼ばれており，排出権取引の概念を生物多様性保全に適用したものと捉えることができます（TEEB, 2010）。この生物多様性バンキングは，米国やオーストラリアなどで制度化されています。

　PESや生物多様性バンキングは，生態系サービスに関する市場の創設を通して生物多様性保全のインセンティブを強化することを目的とする政策措置です。このように生態系サービスの市場を創り出す試みに関しては多くの事例が存在しており，それらが生物多様性の保全にどのような効果をもたらしたかを明らかにする作業が進められつつあります（Salzman, et al., 2018）。

4　資源の循環利用をどう促すか

● 廃プラスチックをめぐる日本とEUの動向

　近年急速に国際的関心を集めるようになった環境問題の1つが，海洋プラスチック汚染です。使用済みプラスチックが適正に処理されずに環境中に流出し，海洋生態系に深刻な被害をもたらしていることに対する懸念が強まっています。

　軽くて丈夫，しかも安価であるという特徴を持つプラスチックの生産は，1960年代に急増していきました。プラスチックはさまざまな分野で用いら

れていますが，その生産量が急増したことの要因として，食料品の容器や飲料ボトルなどに使用される容器包装プラスチックの増加が挙げられます。容器包装プラスチックについては，その多くが一度使用したらすぐに廃棄される，つまり「使い捨て」になっている点が指摘されてきました。

　第6章第2節でみたように，日本では容器包装リサイクル法に基づいて容器包装廃棄物のリサイクルが実施されており，かつては使い捨てにされていた容器包装プラスチックも，この法律が施行されたことで回収や再資源化が進んでいると考えられます。では，廃プラスチック全体でみた場合，リサイクルはどのような状況にあるのでしょうか。

　日本における廃プラスチックのリサイクルについては，焼却して発電や暖房などに利用するサーマルリサイクルの割合が高いという実態があります。プラスチック循環利用協会が公表している『プラスチックリサイクルの基礎知識2023』によれば，日本で2021年に排出された廃プラスチックの総量824万トンのうち717万トン（87％）がリサイクルされており，その内訳はマテリアルリサイクルが177万トン，ケミカルリサイクルが29万トン，サーマルリサイクルが511万トンとなっています。ただし，サーマルリサイクルに関しては，日本ではリサイクルの1つに位置づけられていますが，国際的にはリサイクルとはみなされず，エネルギー回収に分類されます（中嶋，2019）。2021年における日本の廃プラスチックのリサイクル率は，サーマルリサイクルを除いて計算すると，25％ということになります。

　加えて，マテリアルリサイクルに関しては，これまで多くの部分が中国などの海外に輸出され，受入国においてリサイクルが行われていたという事実があります。しかし，2017年末に中国が廃プラスチックの輸入を制限し，その後他のアジアの国々にも同様の動きが広がったため，海外に依存した日本のプラスチックリサイクルは大きな打撃を受けました。この事態を契機として，プラスチックの循環利用に向けた日本国内での取り組みをいかにして促すかが盛んに議論されるようになりました。

　2019年5月，日本政府は「プラスチック資源循環戦略」を策定し，その中で使い捨てプラスチックの包装容器・製品をはじめとする回避可能なプラスチックの使用を削減し，使用済みのプラスチック資源については回収・再生利用を徹底するという基本原則を示しました。また，使い捨てプラスチックを減らすための具体的な方策として，2020年7月からプラスチック製買物袋（レジ袋）の有料化が義務づけられました。さらに2021年には「プラスチックに係る資源循環の促進等に関する法律」が成立し，コンビニエンスストアやスーパーマーケット，ホテルなどで提供される使い捨てプラスチック製品の使用の合理化などへの取り組みが求められるようになりました。

　廃プラスチックをめぐる問題に素早く対応してきたのはEUです。EUは2018年1月に「循環経済における欧州プラスチック戦略（A European Strategy for Plastics in a Circular Economy）」を打ち出し，2030年までに使い捨てのプラスチック容器包装をなくし，すべてをリユースやリサイクルが可能なものにするという目標を掲げました。この戦略のタイトルからもうかがわれるように，EUの廃プラスチック対策は，循環経済（circular economy）の構築という大きな目標に向けた政策枠組みの中に組み込まれています。

　図9-2には，欧州において廃プラスチックがどのように処理されてきたかが示されています。この図によれば，2006年から2020年の間，埋立処分が47%減少したのに対してエネルギー回収は77%増加し，リサイクルについては117%増加しました。2020年に排出された2,950万トンの廃プラスチックに関しては，リサイクル率が35%，エネルギー回収と埋立処分の割合がそれぞれ42%，23%となっています。

　循環経済をめぐる動きは，欧州を中心に近年活発になっています。EUは，低炭素で資源効率性が高く，かつ競争力のある欧州経済を実現することを目的として，循環経済へ移行するための政策パッケージを2015年12月に公表し，行動計画や廃棄物法令の改正案などを提示しました。さらにEUは循環経済への移行に向けた新たな行動計画を2020年3月に発表しました。これ

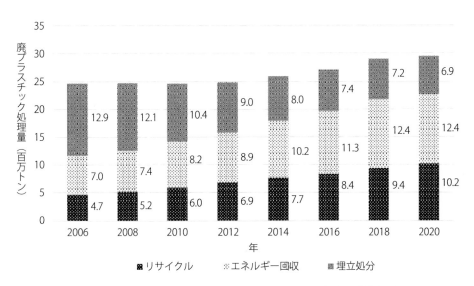

図９−２　欧州における廃プラスチック処理状況の推移

注：この図は EU 加盟 27 ヵ国にスイス，イギリス，ノルウェーを加えた数値を示している。
出典：Plastic Europe（2022）*Plastics − the facts 2022* のデータに基づき作成。

は，2019 年に欧州委員会がカーボンニュートラルの実現をめざして掲げた
欧州グリーンディールの重要な柱の１つに位置づけられています。

● 循環経済の構築に向けて

　人間は自然界から採取した鉱物や化石燃料などの資源を大量に投入して数
多くの財やサービスを生産・消費しています。この生産・消費の過程では大
量の廃物が生み出されており，その一部については現行の環境政策の下で健
康や生態系への被害を防止するための処理や再使用・リサイクルが行われて
いますが，依然として多くの廃物が環境中に排出されたり埋立処分されたり
しています。こうした資源の大量採取と大量生産・大量消費・大量廃棄を前
提とする経済は，一方通行型経済（linear economy）と呼ばれています。この

ような経済システムに関しては，環境への負荷が大きいだけでなく，資源の効率的な利用という点でも問題があります。このことから，資源の循環利用を徹底することで，採取される天然資源の量と環境中に廃棄される資源の量の削減を図る必要性が強く認識されるようになりました。こうして，循環経済への移行に向けた取り組みに関心が寄せられるようになったのです。

　循環経済を実現するためには，生産者が製品を設計する際，長寿命化や資源の循環利用が可能となるように配慮することが必須となります。具体的には，製品の耐久性向上，再使用や改修，アップグレードが容易に行えるような設計，使用後に回収される原材料の再生利用を念頭に置いた素材選択などが生産者には求められます。また，循環経済においては，資源投入量や消費量を抑制する必要から，消費者が製品を直接所有するのではなく，レンタルやリース，シェアリングというかたちで利用する形態が中心になっていくものと考えられます。この場合，生産者は財をストックとして保有し，これを基にサービスを提供することで収益を得ると同時に，そのストックの維持管理や廃棄段階での取り扱いに関して責任を負うことになります。以上のような経済システムに転換することによって，資源価値の最大化と廃棄物の発生回避が可能になると考えられています。

　循環経済への移行には，現行のビジネスモデルの変革や消費者の行動変容が不可欠です。ここで問題となるのは，どのようにすれば一方通行型経済に慣れ親しんだ経済主体が循環経済に貢献する行動をとるようになるのか，ということです。循環経済へ移行しようとする際，資金や技術のみならず，制度や社会，文化など，さまざまな面での課題を克服しなければならず，それには社会・経済構造の変革が欠かせないといわれています。先に触れたEUが実施している循環経済への移行に向けた取り組みに関しては，循環経済の実現に不可欠な変革をもたらしうる内容になっていないことが指摘されています（浜本，2022）。

　一方通行型経済から循環経済への転換を果たすには，企業のビジネスモデ

ルの変革や消費者の行動変容を促すようにインセンティブを与える必要があります。そのためには，環境資源が提供するさまざまなサービスに対して，それらの価値を十分に反映した適切な価格設定が行われることが肝要であり，これを実現するための環境政策が不可欠です。加えて，これまで一方通行型経済を前提として発展してきた技術体系に関しては，資源循環を前提とする方向に技術革新を誘導することを意図した技術政策が必要であると考えられます（Hepburn, et al., 2018）。このような循環経済政策のあり方に関する議論を深めるための知見を蓄積するうえで，環境経済学に基づく分析は重要な役割を果たしうると期待されます。

第9章の演習課題

　地球温暖化防止や生物多様性保全，資源循環促進に関して，世界の主要国で実施されている政策措置を比較しながら，これらの課題に向けた公共政策はどのように設計されるべきかについて議論してみましょう。

地球温暖化防止とエネルギーの
安定供給をどう両立させるか

　気候変動枠組条約では，大気中の温室効果ガス濃度を人類にとって危険でないレ
ベルに安定化させることが究極目的とされています。一方で，将来にわたって必要
となるエネルギーを安定的に確保できなければ，いずれ経済発展に支障を来すこと
になりかねません。地球温暖化防止のために炭素排出を抑制すると同時にエネル
ギーの安定供給を維持するためには，炭素排出ゼロ・エネルギー（carbon-free
energy：CFE）を大幅に導入していくことが不可欠となります。しかし，これが容易
なことではないのは想像に難くありません。

　CFE の大量導入という難題に関して，Hoffert, et al.（1998）は，エネルギー集
約度との関連で次のように予測しています。彼らは，CO_2 の大気中濃度を 550
ppm に安定化させることを目標とし，世界全体の GDP 成長率について一定の前提
を置いたうえで，どの程度の規模の CFE が必要になるかを推計しました。それによ
ると，エネルギー集約度が年率 2.0％で低減していくと仮定した場合には 2100 年
までに必要となる CFE はそれほど大きな規模にはならないのですが，エネルギー集
約度が不変のままであるとした場合には，約 40TW の CFE が 2050 年までに必
要になると予測されています。これは，エネルギー集約度の低減率と CFE 必要量と
の間にトレードオフの関係があることを意味しています。図に描かれている曲線は，
2100 年におけるエネルギー集約度の低減率と将来必要となる CFE のトレードオ
フ関係（CO_2 濃度の安定化目標が 550ppm の場合）を表しています。

　Green, et al.（2007）は，このトレードオフ関係に着目して先進的エネルギー技
術ギャップ（advanced energy technology gap：AETG）の推計を試みています。
AETG とは，将来の CFE 必要量と，在来型 CFE 技術によって達成可能な CFE 最

図　エネルギー集約度の低減率とCFE必要量との間のトレードオフ

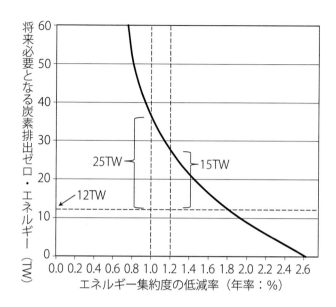

出典：Green, et al.（2007）の図1に基づき作成。

大供給量との差です。在来型CFE技術とは，すでに実用化されている炭素排出を伴わないエネルギー技術を指しており，水力，原子力，太陽光・風力エネルギー，バイオマス，地熱エネルギーが含まれます。この推計では，エネルギー集約度の低減率を年1.0％，在来型CFE技術によって2100年までに達成可能なCFE最大供給量が12TWであると仮定した場合，AETGは約25TWになると予測されています。しかし，エネルギー集約度の低減率が年1.2％に上昇するならば，AETGは約15TWにまで引き下げることが可能になるとされています。

　太陽光や風力などの再生可能エネルギーの供給量を今後大幅に拡大していくためには，グリッド統合や蓄電などの分野におけるさらなる技術開発が必要となります。したがって，再生可能エネルギーを将来，大規模に供給することが可能かどうかについては不確実性が拭えません。また，原子力発電を増強させるようなエネルギー政策は，昨今の原発に対する世論の動向を考慮するならば，大きな制約に直面せざ

176

るを得ないでしょう。このようなことから，在来型 CFE 供給量の大幅な拡大は困難であるかもしれません。将来の CFE 必要量と在来型 CFE の最大供給可能量との差である AETG は，未知の，あるいは研究の初期段階にある CFE 技術（すなわち先進的エネルギー技術）を今後開発し，これを普及させることによってしか埋め合わせることができないと考えられますが，その技術開発に成功するか否かは不確実です。Green, et al.(2007) の分析は，エネルギー集約度の低減率を高めることによって，不確実性をはらんだ先進的エネルギー技術への将来的な依存度を軽減することができるということを示唆しています。

　今後，エネルギー集約度の低減率をさらに高めていこうとするならば，省エネルギーを促進するための政策措置は必須でしょう。かつて石油ショックによって省エネルギーが大きく進展したという事実を踏まえると，炭素価格の設定を通じて CO_2 を多く排出する化石燃料の価格を上昇させれば，化石燃料を中心としたエネルギーに要する費用の節約に向けたさまざまな行動を促すことができると期待されます。したがって，炭素税や排出権取引といった炭素価格の設定につながる政策手段を導入することが肝要です。一方で，将来必要となるエネルギーを確実に賄えるようにするには，在来型 CFE 技術の普及拡大や先進的エネルギー技術の開発が不可欠です。後者については成功するか否かが不確実ですが，成功すればそれがもたらす社会的便益は極めて大きなものになると予想されます。こうした技術の開発は，技術政策を通じて支援すべきであると考えられます。このように，地球温暖化防止とエネルギーの安定供給を両立させるためには，環境政策と技術政策を適切に組み合わせて実施していくことが求められるのです。

参考文献

Green, C., S. Baksi, and M. Dilmaghani (2007) "Challenges to a climate stabilizing energy future," *Energy Policy*, Vol. 35, pp. 616-626.

Hoffert, M. I., K. Caldeira, A. K. Jain, E. F. Haites, L. D. D. Harvey, S. D. Potter, M. E. Schlesinger, S. H. Schneider, R. G. Watts, T. M. L. Wigley, and D. J. Wuebbles (1998) "Energy implications of future stabilization of atmospheric CO_2 content," *Nature*, Vol. 395, pp. 881-884.

参考文献

＜日本語文献＞

阿部泰隆・淡路剛久編（2004）『環境法〔第3版〕』有斐閣。

淡路剛久・寺西俊一編（1997）『公害環境法理論の新たな展開』日本評論社。

植田和弘（2015）「持続可能な発展論」亀山康子・森　晶寿編『グローバル社会は持続可能か』岩波書店，11-32ページ。

碓井健寛（2015）「廃棄物排出抑制の経済政策」鷲田豊明・笹尾俊明編『循環型社会をつくる』岩波書店，33-53ページ。

岡　敏弘（1997）「ドイツ排水課徴金（1）――有効性の定量的評価」植田和弘・岡　敏弘・新澤秀則編著『環境政策の経済学』日本評論社，33-51ページ。

環境省環境再生・資源循環局廃棄物適正処理推進課（2022）『一般廃棄物処理有料化の手引き』。

栗山浩一・柘植隆宏・庄子　康（2013）『初心者のための環境評価入門』勁草書房。

常木　淳・浜田宏一（2003）「環境をめぐる『法と経済』」植田和弘・森田恒幸編『環境政策の基礎』岩波書店，67-95ページ。

寺尾忠能（1994）「日本の産業政策と産業公害」小島麗逸・藤崎成昭編『開発と環境――アジア「新成長圏」の課題』アジア経済研究所，265-348ページ。

中嶋亮太（2019）『海洋プラスチック汚染』岩波書店。

ノーガード，R.（2002）「環境評価と新しい経済モデルの方向性」石　弘之編『環境学の技法』東京大学出版会，125-164ページ。

畠山武道（1992）『アメリカの環境保護法』北海道大学図書刊行会。

浜本光紹（2008）『排出権取引制度の政治経済学』有斐閣。

浜本光紹（2022）「循環経済をめぐる研究動向と政策課題」『環境共生研究』第15号，1-12ページ。

治田純子（2010）「デュアルシステムの導入による廃棄物管理政策への効果と影響」植田和弘・山川　肇編『拡大生産者責任の環境経済学――循環型社会形成にむけて』昭和堂，38-53ページ。

細田衛士（2012）『グッズとバッズの経済学　第2版』東洋経済新報社。

諸富　徹（2000）『環境税の理論と実際』有斐閣。

横山　彰（2002）「環境税の設計」『フィナンシャル・レビュー』第65号，126-147ページ。

＜英語文献＞

Bradford, A. (2020) *The Brussels Effect: How the European Union Rules the World*, Oxford University Press. (庄司克宏監訳『ブリュッセル効果 EU の覇権戦略——いかに世界を支配しているのか』白水社, 2022 年)

Coase, R. H. (1988) *The Firm, the Market, and the Law*, The University of Chicago Press. (宮沢健一・後藤 晃・藤垣芳文訳『企業・市場・法』東洋経済新報社, 1992 年)

Cooper, R. N. (1998) "Toward a real global warming treaty," *Foreign Affairs*, Vol.77 (2), pp.66–79.

Dixson-Declève, S., O. Gaffney, J. Ghosh, J. Randers, J. Rockström, and P. E. Stoknes (2022) *Earth for All: A Survival Guide for Humanity*, New Society Publishers. (武内和彦監訳・ローマクラブ日本監修『Earth for All 万人のための地球——「成長の限界」から 50 年ローマクラブ新レポート』丸善出版, 2022 年)

Ellerman, A. D. (1998) "Electric utility response to allowances: From autarkic to market-based compliance," MIT CEEPR WP-1998-009, Center for Energy and Environmental Policy Research, MIT.

Hepburn, C., J. Pless, and D. Popp (2018) "Encouraging innovation that protects environmental systems: Five policy proposals," *Review of Environmental Economics and Policy,* Vol.12 (1), pp.154–169.

Joskow, P. L., R. Schmalensee, and E. M. Bailey (1998) "The market for sulfur dioxide emissions," *American Economic Review*, Vol.88 (4), pp.669–685.

Keohane, N. O. (2006) "Cost savings from allowance trading in the 1990 Clean Air Act: Estimates from a choice-based model," in: J. Freeman and C. D. Kolstad, eds., *Moving to Markets in Environmental Regulation: Lessons from Twenty Years of Experience*, Oxford University Press, pp.194–229.

McKibbin, W. J., and P. J. Wilcoxen (2002) *Climate Change Policy after Kyoto: Blueprint for a Realistic Approach*, Brookings Institution Press.

McKibbin, W. J., and P. J. Wilcoxen (2007) "A credible foundation for long-term international cooperation on climate change," in: J. E. Aldy and R. N. Stavins, eds., *Architectures for Agreement: Addressing Global Climate Change in the Post-Kyoto World*, Cambridge University Press, pp.185–208.

Nordhaus, W. D. (2007) "To tax or not to tax: Alternative approaches to slowing global warming," *Review of Environmental Economics and Policy*, Vol.1 (1), pp.26–44.

OECD (2001) *Environmentally Related Taxes in OECD Countries: Issues and Strategies*, OECD. (天野明弘監訳『環境関連税制——その評価と導入戦略』有斐閣, 2002 年)

OECD（2006）*The Political Economy of Environmentally Related Taxes*, OECD.（環境省環境関連税制研究会訳『環境税の政治経済学』中央法規，2006 年）

Pigou, A. C.（1920）*The Economics of Welfare,* Macmillan.（気賀健三等共訳『厚生経済学』I ～ IV，東洋経済新報社，1953 ～ 55 年）

Salzman, J., G. Bennett, N. Carroll, A. Goldstein, and M. Jenkins（2018）"The global status and trends of Payments for Ecosystem Services," *Nature Sustainability*, Vol.1, pp.136–144.

Stern, N.（2007）*The Economics of Climate Change: The Stern Review*, Cambridge University Press.

Stiglitz, J. E.（2006a）*Making Globalization Work*, W.W. Norton & Company.（楡井浩一訳『世界に格差をバラ撒いたグローバリズムを正す』徳間書店，2006 年）

Stiglitz, J. E.（2006b）"A new agenda for global warming," *The Economists' Voice*, Vol.3（7），Article 3.

The Economics of Ecosystems and Biodiversity（TEEB）（2010）*The Economics of Ecosystems and Biodiversity for Local and Regional Policy Makers*.

Weitzman, M. L.（1974）"Prices vs. quantities," *Review of Economic Studies*, Vol.41, pp.477–491.

World Commission on Environment and Development（WCED）（1987）*Our Common Future*, Oxford University Press.（大来佐武郎監修・環境庁国際環境問題研究会訳『地球の未来を守るために』福武書店，1987 年）

索　引

《著者紹介》

浜本光紹（はまもと・みつつぐ）

1969 年　東京都生まれ。
1993 年　京都大学経済学部卒業。
1998 年　京都大学大学院経済学研究科博士後期課程修了，京都大学博士（経済学）。
同　年　地球環境戦略研究機関研究員。
1999 年　獨協大学経済学部専任講師。
2003 年　獨協大学経済学部助教授（2007 年に職位名称が准教授に変更）。
2010 年　獨協大学経済学部教授，現在に至る。
専　攻　環境経済学。

主な著作

"Environmental regulation and the productivity of Japanese manufacturing industries," *Resource and Energy Economics*, Vol. 28 （4）, 2006, pp.299–312.
"Energy-saving behavior and marginal abatement cost for household CO_2 emissions," *Energy Policy*, Vol. 63, 2013, pp.809–813.
"An empirical study on the behavior of hybrid-electric vehicle purchasers," *Energy Policy*, Vol. 125, 2019, pp.286–292.
"Impact of the Saitama Prefecture Target-Setting Emissions Trading Program on the adoption of low-carbon technology," *Environmental Economics and Policy Studies*, Vol. 23 （3）, 2021, pp.501–515.
"Estimating consumers' discount rates in energy-saving investment decisions: A comparison of revealed and stated approaches," *SN Business & Economics*, Vol. 3 （7）, 2023, 120.

（検印省略）

2014 年 4 月 10 日　初版発行
2017 年 2 月 25 日　改訂版発行
2021 年 3 月 10 日　増補版発行
2024 年 3 月 10 日　新版発行　　　　　　　　略称―環境経済

新・環境経済学入門講義

著　者　浜　本　光　紹

発行者　塚　田　尚　寛

発行所　東京都文京区　　**株式会社 創 成 社**
　　　　春日 2 - 13 - 1

　　　　電　話　03（3868）3867　　ＦＡＸ 03（5802）6802
　　　　出版部　03（3868）3857　　ＦＡＸ 03（5802）6801
　　　　http://www.books-sosei.com　振　替　00150-9-191261

定価はカバーに表示してあります。

©2014, 2024 Mitsutsugu Hamamoto　　組版：スリーエス　印刷：エーヴィスシステムズ
ISBN978-4-7944-3249-0　C3033　　　製本：エーヴィスシステムズ
Printed in Japan　　　　　　　　　　落丁・乱丁本はお取り替えいたします。

——————————— 経済学選書 ———————————

新・環境経済学入門講義	浜 本 光 紹	著	2,200 円
環 境 学 へ の 誘 い	浜 本 光 紹 獨協大学環境 共 生 研 究 所	監修 編	3,000 円
社 会 保 障 改 革 2025 と そ の 後	鎌 田 繁 則	著	3,100 円
投資家のための「世界経済」概略マップ	取 越 達 哉 田 端 克 至 中 井 誠	著	2,500 円
現 代 社 会 を 考 え る た め の 経 済 史	髙 橋 美由紀	編著	2,800 円
財 政 学	栗 林 隆 江波戸 順 史 山 田 直 夫 原 田 誠	編著	3,500 円
テ キ ス ト ブ ッ ク 租 税 論	篠 原 正 博	編著	3,200 円
テ キ ス ト ブ ッ ク 地 方 財 政	篠 原 正 博 大 澤 俊 一 山 下 耕 治	編著	2,500 円
世 界 貿 易 の ネ ッ ト ワ ー ク	国際連盟経済情報局 佐 藤 純	著 訳	3,200 円
み ん な が 知 り た い ア メ リ カ 経 済	田 端 克 至	著	2,600 円
「復 興 の エ ン ジ ン」 と し て の 観 光 ―「自然災害に強い観光地」とは―	室 崎 益 輝 橋 本 俊 哉	監修・著 編著	2,000 円
復興から学ぶ市民参加型のまちづくりII ―ソーシャルビジネスと地域コミュニティ―	風 見 正 三 佐々木 秀 之	編著	1,600 円
復興から学ぶ市民参加型のまちづくり ―中間支援とネットワーキング―	風 見 正 三 佐々木 秀 之	編著	2,000 円
福 祉 の 総 合 政 策	駒 村 康 平	編著	3,200 円
マ ク ロ 経 済 分 析 ― ケ イ ン ズ の 経 済 学 ―	佐々木 浩 二	著	1,900 円
入 門 経 済 学	飯 田 幸 裕 岩 田 幸 訓	著	1,700 円
マ ク ロ 経 済 学 の エ ッ セ ン ス	大 野 裕 之	著	2,000 円
国 際 経 済 学 の 基 礎「100項目」	多和田 眞 近 藤 健 児	編著	2,700 円
フ ァ ー ス ト ス テ ッ プ 経 済 数 学	近 藤 健 児	著	1,600 円

(本体価格)

——————————— 創 成 社 ———————————